說好的加薪呢？

生為社畜，哪有平等

牛存強——編著

目錄

目錄

第五章　盡情釋放你的創造力

第六章　與「贏」為鄰

目錄

目錄

前言

古人說：讀萬卷書，不如行萬里路。然而，人生太短，職場太險，有多少人能有行萬里路的機會呢？如今的世界，「苦行僧」是難以混跡於職場江湖的，輕者「吃得苦中苦」，重者「死於非命」。那麼，退而求其次，讀萬卷書吧？對此，你可能也面露難色，縱使你有一目十行的天賦，也自知無法「如願以償」。

因此，你需要的是「精益求精」，而非「多多益善」。那麼，這本書正是為你「量身打造」的職場寶典。

本書能「告訴你」什麼呢？它告訴你「工作是你的親密愛人」，要與工作相親相愛；告訴你怎樣工作最有效率；告訴你找工作的「敲門磚」是什麼；告訴你如何做一個稱職的職場「主人」；告訴你如何避開職場中的大陷阱；告訴你職場的賽局心理術；告訴你職場的生存智慧；告訴你如何擺脫職場「無氧狀態」；告訴你如何讀懂老闆的心；告訴你如何自己當將軍；告訴你發財致富的不二法門……

把萬卷書融合而成一卷書，再讓這一卷書帶你走出職場迷霧，走上事業的康莊大道，正是本書無可推卸的使命。編者並不想「手把手」地教你如何成功，也不想恨鐵不成鋼地「老調重彈」，只是希望讀者從書中得到經驗、得到啟示、得到靈感，然後用智慧去開拓自己的事業。

前言

　　一個小孩在河邊看一位老人釣魚，老人技藝精湛，沒多久就釣了滿滿一簍，老人看見小孩羨慕不已的眼神，就笑著要把魚送給他，小孩搖了搖頭，老人對孩子的拒絕感到很訝異，就問：「你為什麼不要呢？」

　　小孩回答：「我想要你手中的魚竿。」

　　「你要魚竿做什麼？」

　　小孩一本正經地說：「魚再多總會吃完的，要是有了魚竿，我就可以自己釣，一輩子也吃不完。」

　　你一定覺得這個小孩子很聰明吧？但編者不這麼認為，小孩即使有了魚竿，也可能一條魚都釣不到。為什麼？因為，如果不懂釣魚的技巧，光有魚竿有什麼用呢？釣魚最重要的不在於「魚竿」這個工具上，而在於「釣技」。

　　有句諺語說，要想使一個人殘廢，只要給他一對拐杖；而若想使一個人「站起來」，只要給他一本好書。本書就是為每位職場人士準備的一本「釣技」。

　　編者在書中不端架子，不板面孔，擺事實不強講道理，只希望各位讀者對於「博採眾長」而來的「道理」或醍醐灌頂，或會心一笑，最終，走出一條不平凡的職場之路。

第一章
找一個適合自己的「飯碗」

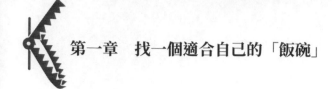
1. 飯碗是一輩子的事情

人一旦踏足職場，必然要操心的一個問題就是 ——「飯碗」。而飯碗是人一輩子的事情。每個人都希望可以找到一個稱心如意的飯碗，一個能創造財富的飯碗。大家也許眾口不一，但是大多數人都爭先恐後想做下一個杜拉拉。當然，也有一些人後知後覺，對待飯碗問題太過隨性，等回過神來，痛心疾首。一位母親攔住早早下班的兒子，充滿疑問：「孩子，你為什麼每天晚出早歸？公司效益不好嗎？」兒子不假思索：「不是啊，不過為什麼要那麼拚搏呢，多花點時間休閒，享受生活不好嘛？」「可是，孩子，年輕的時候不積極工作，打下基礎，早晚會被社會淘汰。工作不是三五十天的事，那是你一輩子的飯碗吶！」

身處理想國的兒子頓覺醍醐灌頂，反省了那種三天打魚、兩天曬網的鬆散心境，明白了對待工作不負責任，就是對自己不負責任。這是一個優勝劣汰的社會，不能抱著得過且過的心態來對待自己的飯碗，不然，殘酷的現實會狠狠地還以顏色，令你追悔莫及。

別妄想沒有「飯碗」的堅實後盾，你還能遊刃有餘地大談休閒愛好，生活不是天馬行空，也不是紙上談兵。其實，你完全可以把「飯碗」的內涵升級。

約翰‧洛克斐勒，美國標準石油公司董事長，他曾經讚歎：「工作是一個展現自我才能的舞台，我們寒窗苦讀而來的知識，我們的應變能力、決斷力、適應力，以及我們的協調能力，都將在這個舞台上得到充分施展……」一個能展現自我才能的工作，才是一個適合自己的飯碗。

「寶劍鋒從磨礪出」，鐵飯碗也好，金飯碗也好，都由自己打造。不要

再感慨英雄無用武之地，只要找準位置，發揮所長，任何飯碗都可以是金飯碗，並且受用一輩子。有人問兩個正在雕刻石像的石匠：「你們在幹什麼呀？」一個不耐煩地回答：「你沒看到嗎，我在鑿石頭，鑿完這塊我就能回家了。」另一個則驕傲地指著石雕說：「嘿，我正在做一件有趣的藝術品呢！」

前一個石匠抱著應付的心態，消極地視工作為苦差；後者則充分體驗工作的快樂和意義，把它作為展示自我非凡才華的平台。同樣一個飯碗，後者一定端得更得心應手。由此可見，在你自己的碗裡，沒人說你只能往裡倒些粗茶淡飯，大可以盛放理想抱負。我們每個人都應該學習約翰·洛克斐勒和那個樂觀的石匠，去找到一個適合自己的飯碗，並去重視、完善和欣賞它。《伊索寓言》中，有一隻鄉下老鼠和一隻城裡老鼠是好朋友，它們互相邀請對方去自己家中居住。鄉下老鼠說：「我這裡有鄉間的美景和新鮮的空氣。」城裡老鼠說：「我那裡有豪華乾淨的房子和美味的食物。」然而，現實遠沒有想像中那麼美好，他們最終全逃回了各自的家。原來，城裡老鼠覺得鄉下生活太清貧，鄉下老鼠則認為城市生活太緊張。在這個故事中，你會發現，兩隻老鼠有他們各自的位置和適合自己的生活方式。「女怕嫁錯郎，男怕入錯行」，擇偶或者擇業，向來都是人們最重視的大事，需三思而後行。只有充分考慮自己的個性和習慣，才能找對方向。適合自己的飯碗，才是最好的飯碗。

在人生的舞台上，工作占著舉足輕重的地位，它是生存，也是生活，它解決溫飽問題，同時也提升你的生存價值。它是物質上的飯碗，更是精神上的寄託。飯碗，是一輩子的枷鎖，也是一輩子的挑戰，更是一輩子的享受。總之，它是一輩子的事情，請找準方向，慎重對待。

各位，在你們整裝待發前，請做好心理準備，此刻開始，你們要一輩子

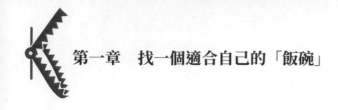

牽扯不清地跟你們的「飯碗」打交道了！

> **小秘訣**
>
> 大多數人總想千方百計地找到一個金飯碗，可以不愁吃喝一輩子。然而，金飯碗的真正含義是什麼？它指的不是在一個地方吃一輩子飯，而是一輩子到哪兒都有飯吃。不求最好的，只選適合的。選對自己的飯碗，並對它一心一意，對它盡職盡力，才能把它做成一生受益無窮的事業。

2. 工作是你的親密愛人

在職場，你不但不能拒絕工作，還要與它相伴一生。

所以，不要把工作僅僅當做謀生的手段，而要用狂熱的熱忱去熱愛它，全身心地投入，把工作當成你的親密愛人。

當你這麼做的時候，會發現自己比從前更快樂，而快樂情緒帶來的感染力，會使你成為老闆眼裡努力熱情的好員工。此時，成功也將離你更近。

經營公司近 70 年的約翰・貝克特家族是全球最大的家用暖氣油爐製造商，擁有 650 名員工，並創下年銷售額一億多美元的業績。當年，67 歲的貝克特寫了一本《愛上星期一》，在做推廣活動時，他笑著說：「我寫這本書，是希望將 40 多年自己經營企業的心得與大家分享，但總是想不到滿意的書名。」

而靈感竟然出現在一架班機上。

當時，乘客大多滿面倦容，而空中小姐卻精神飽滿，還不時開個玩笑，逗大家開心。貝克特當即感嘆，她們如此熱愛工作的每一天，並時刻保持著星期一的精神狀態，書名便這樣誕生了。

熱愛工作每一天，是一種健康的職場態度。雖然每個人所處的職場環境不同，職位各異，但都應當積極熱情地對待工作，付出即有回報。熱愛它，感受它，尊重它，你會發現工作是有價值、有樂趣和生命力的。

湯姆·丹普西天生殘疾，右腿少了半截，右手只有一小段。然而，他從小渴望像其他男孩一樣踢足球。他靠著木製的假肢，日復一日，練習踢球和遠距離射門。最終，功夫不負有心人，憑藉精湛的球技，他如願以償加入了新奧爾良聖人球隊。

在一次比賽中，離終場還有 2 秒鐘，湯姆·丹普西突然飛身向前，從 63 碼外用他那條殘缺的腿踢進了關鍵的一球，全場球迷頓時尖叫連連。結果，聖人隊險勝底特律獅隊。

「我們敗給了一個奇蹟。」底特律教練約瑟夫感慨。「踢進那一球的，不是湯姆·丹普西，」獅隊的後衛說，「是上帝。」

是上帝？還是奇蹟？我想都不是，把工作當做愛人一樣去付出的人，工作也將回贈他榮耀和成功。

愛默生，這個被稱為「美國的孔子」的作家，他曾說：「只有膚淺的人才相信運氣。強大的人相信的是：有果必有因，世界萬物皆有法則。」種瓜得瓜，種豆得豆，你想獲得什麼，看你先栽種什麼。當你把熱情投擲到工作中，與工作「日久生情」，必然開花結果。

莫扎特並非天生的音樂奇才，在他小的時候，每天被安排大量重複的練習，那些單調乏味，不斷重複的訓練，即使是一個成年人也會被逼瘋，然而小小的莫扎特卻樂在其中，技藝漸長，最終獲得了偉大成就。

如果愛你的工作，那麼工作就不是負累，它帶來的更多是快樂和生機。

修理工小張，從進入公司的第一天起，就開始無休止地抱怨：「這工作太

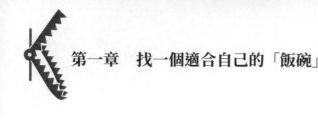
髒了……唉，全是油汙……憑我的本事，哼，大材小用了簡直……這工作真是沒前途……」

小張每天只會不切實際地空想和抱怨，完全看不起自己的工作，更談不上愛了。在沒有愛和工作熱情的情況下，他偷懶磨蹭，消極怠工，應付了事。

這樣一天天過去了，當別的同事憑著努力和激情，一個個加薪升職的時候，他還是那個躲在角落裡只會埋怨的小修理工，結果只能成為職場中的又一個失敗者。

你若不厚待工作，工作又怎麼會給你好臉色呢？沒有一個成功職場人士不熱愛自己所從事的工作，他們把工作當做親人、愛人，尊敬它，愛護它。每天和「親愛的人」朝夕相處，共同奮進，是他們快樂成功的祕訣之一。

你喜歡自己的工作嗎？不喜歡，那麼另覓高就；喜歡，請你把它當做你的親密愛人。職場如戰場，工作便是與你並肩作戰的親密愛人。熱愛工作，熱愛職場，熱愛生活，你是一個這樣的員工嗎？如果是，老闆要定你了！

> **小秘訣**
>
> 職場新人該如何選擇一份自己珍愛的工作？在對主客觀因素合理分析的基礎上，選擇既適合自己的個性特點、能激發興趣愛好、有助於實現人生理想抱負、又能勝任的職業才是明智之舉。
>
> 職場法則：別把工作當成簡單的謀生工具，用心工作，付出真愛，你自己是最大的受益人。

3. 盡快進入軌道是正道

剛踏入職場，無所適從的新人，難免會在工作上顧慮重重，躊躇不前。謹慎沒錯，然而往往猶豫不決下，反而錯失良機。

吉田忠雄是日本 YKK 的董事長，他一生都奉行「70 分主義」。他始終認為一點：當堅持 100 分主義已無法發揮潛能時，那麼把 70 分作為起點，取得的成就可能就會超越 100 分。

很多人不能理解這個有意思的祕訣，因為我們通常都認為只有萬事俱備，才能厚積薄發。如果沒有十足的把握，如果準備得不充足，如何才能成功？

在一篇演講稿中，吉田忠雄這樣解釋這個「不完美主義」：謹慎行事可能減免了失誤，但最多只是達到了成功 50% 的效果。若在具備 70% 的把握時就去做每件事，那麼集合各件事的效果，成就將不止 50%。回想一下，很多人事後最懊悔的是什麼？那就是：我當時應該立刻那麼做！美國著名作家詹姆斯·休伊特，在剛開始從事寫作時，面臨寫作方向的艱難選擇。那段日子裡，他經常去公園散心，坐在那兒思考何去何從。

有一天，在公園裡，他不經意間看到一隻小松鼠，在樹枝上躍躍欲試，準備跳到對面一棵樹的樹枝上。但是兩根樹枝間的距離實在太大了，它這樣跳過去無疑是自殺，詹姆斯這樣認為。

但是，松鼠雙腿用力一蹦，就這樣跳過去了，雖然它沒有成功到達那根樹枝，但還是安然無恙地落在了另一根稍矮的樹枝上。緊接著，它又一躍，終於跳上了它想去的那根樹枝。看到他發愣，坐在椅子一旁的一位老人便說：「大多數松鼠不能一次就跳到遠處的樹枝上，但它們會勇敢嘗試。如果不

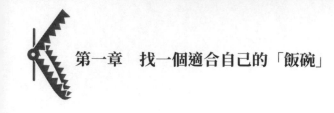
想一輩子待在一棵樹上，松鼠必須冒冒險，跳出去。」

詹姆斯頓有所悟。隨後，他放下疑慮，不再左思右想。他遠渡重洋，去了一個陌生的地方，儘管不知道能否安然降落到「另一根樹枝」上。詹姆斯的經驗告訴我們，只有進入了事業的軌道，才能執行下一步。

故事開始了，如果你還沒進入角色，那麼，抱歉，你被淘汰了。一名學室內裝修的實習生，被安排跟一個老師傅學習。第一天，老師傅安排他去一個員工宿舍的施工地，讓他自己觀摩學習。回來後，問他：「有什麼想法沒有？」他說：「挺簡單的，很早就回來了。」然後，下午又叫他去看別墅，回來後問他的感想。回答是：每幢都差不多，沒什麼好說的。第二天，老師傅帶他來到其中一幢別墅前，問：「如果讓你來設計內裝修，你會怎麼做？」他頓時語塞了。再到樣品屋，老師傅說，「你進去看看吧。」等他出來，又問：「你想過沒有，樣品屋的內裝修為什麼要這樣設計？」他依然回答不上來。老師傅問：「昨天上午，在員工宿舍，你有沒有仔細看過工人是怎麼施工的？你知不知道在哪些地方他們做的不合要求？」

一連串被忽略的問號，把實習生弄暈了。這些問題，他都沒有想過。

他於是狡辯：「我來實習，不就是來學的嘛！」老師傅說：「你來學習，不問我，反而要我來問你？」他說：「我就是想跟在後頭，看看你是怎麼處理問題的啊。」老師傅說：「你沒有發現問題，又如何知道我是如何處理問題呢？」職場新人，一旦進入新公司，就要盡快進入角色。首要的，就是要盡快熟悉公司環境和本職工作。要做到這點，就一定要學會主動和行動。主動找問題，主動滲入職場，積極行動，盡快進入狀態。無論你多麼優秀，在最短的時間內，調節好狀態，立即上馬，把所有心思放在工作上，做好自己的本職工作，這決定著你將來的發展前途。

為什麼我們總是說「先就業，後擇業」，它不無道理。第一步，先進入職場；第二步，客觀分析對工作的適應情況；第三步，正確評估自己的能力；第四步，對未來的事業進行完整規劃。荀子說得好：「不積跬步，無以至千里，不積小流，無以成江海。」

德國演講大師齊格勒曾舉例：當世界上牽引力最大的火車頭停在鐵軌上時，在它的 8 個驅動輪前面，只需塞上一塊 1 英吋大小的木塊來防滑，如此這個龐然大物就動彈不得了。然而，一旦這個火車頭啟動，那塊小小的木塊再也無法阻止它前進。當它達到一定的時速後，即使是一堵 5 英呎厚的堅固巨牆擋在面前，也會頃刻間被撞穿！

如果總是希望準備得完美、再完美一些，才開始行動，那麼，可能永遠都沒法開始了。在行動前，那些難以想像的障礙，一旦去操作，並不是那麼難以攻破。熟悉工作，熟悉環境，熟悉行業之後，才能對工作進行正確審視。而這一切，前提是需要你盡快進入工作軌道。

小秘訣

「請等一下，我還要再準備準備......」「我要不要多考慮一下呢？」「讓我再觀察一下......」在職場中，老闆需要的是「做」的人，而不是總是「想」的人。

機會面前，人人平等，而人才，就是那種可以盡快進入角色中的人。

不用羨慕那些在公司雷厲風行的人，你只需加快腳步，少點杞人憂天，同樣可以走在前面。

---

4. 要擅長經營你的興趣和長處

只要是功成名就的企業家，一談到成功的因素，「興趣」往往是被列為最

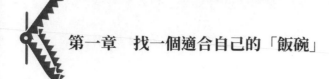

主要的一條，他們都對自己所從事的事業極其熱愛，並具備一技之長，而金錢只是奮鬥的第二個目標。

歌德認為：「如果工作是一種樂趣，人生就是天堂。」把興趣和工作掛鉤，產生的是一種最良性的職場狀態。保持對工作的興趣，發揚自身的長處，是成為優秀員工的一個指標。

愛因斯坦曾收到以色列政府的一封邀請信，懇請他任職以色列總統。他本就是猶太人，在大多數人看來，若能當上猶太總統，實在榮幸之至。出乎意料的是，愛因斯坦竟然拒絕了這份盛情。

他道：「我一輩子都在同客觀事物打交道，既沒有天生的才智，也缺乏經驗來處理一國的管理事務。所以，我並不適合擔此重任。」

可見，愛因斯坦有自知之明，知道自己的興趣所在，知道自己擅長的領域，知道把自己擺在哪個位置才能真正發光發熱。

在競爭激烈的互聯網界，阿里巴巴的馬雲可以說是一個另類，他不懂電腦，沒學過管理學，也從不給公司做廣告。但是，他不僅沒有被巨浪擊倒，還創造了一個神話。

「他是一個很有想法的人，知道自己想做的是什麼，並且堅持去做了，所以，他做了別人做不到的事。」有人這樣評價馬雲。

在創業之初，馬雲也沒有找到自己真正的發展方向，透過一系列工作和學習的經歷，他明白了，自己有興趣的才是真正想做的，做的時候才最有激情。

而這個興趣就是：要做那些數不清的中小企業的解救者。因此，對於互聯網，他實在情有獨鍾，是他一輩子想要追求的。於是他便義無反顧地投奔而去，並立下大志，要把阿里巴巴做成影響世界經濟，或者亞洲經濟，至少

是中國經濟的一家大企業。

在一次演講中，馬雲曾說道：「北方企業家說：我要做什麼，我能做什麼？而南方企業家說：我該怎麼做？而我要告訴大家的是，每一個企業家都會面臨很多很多的問題，但無論如何，你一定要做你最想做的事情。」

興趣的指向更容易成為一個人成就事業的方向。

同時，馬雲還清楚地知道自己擅長什麼。在某些不了解他的人眼中，他太「狂妄」，完全不知道天高地厚。而事實上，在工作中，他是一個理性的人，透徹地看清了自己到底是哪塊料。

馬雲自稱「技術水平是0段，管理水平是9段。」這顯示了他對自我能力的客觀認識。在創辦阿里巴巴後，為了彌補自身的技術能力，也為了增強管理實力，他打造了一支豪華的技術和管理團隊，一些威名遠播的人物都在此陣容之列。馬雲曾坦言：阿里巴巴的策劃人比他有創意，市場人員比他懂市場，技術人員比他懂技術。而他的強項則是考慮公司的策略，如何與矽谷競爭，與全球競爭。

擅於經營個人的興趣和長處，是職場的致勝法寶。投入自己的興趣，挖掘自己的長處，即有工作激情，又有工作能力，這樣的員工怎麼會得不到老闆的賞識？這樣的創業者又怎麼會達不成自己的願望？

與埃菲爾鐵塔齊名的法國服裝設計大師皮爾·卡登，從小就對服裝設計感興趣，8歲時設計出第一件衣服，14歲就成為了一名見習時裝設計師。可惜，他父母卻非常希望他成為藥劑師。然而，正是由於對服裝的濃厚興趣和執著，才成就了這位出色的服裝設計師。

多年來，皮爾·卡登憑藉自己獨特的才能，創造了三萬多種時裝款式，設計了500多種產品，在世界上93個國家出售。當初如果沒有跟著自己的

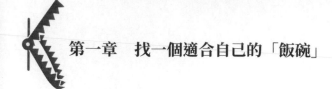
興趣走，發揮個人所長，皮爾・卡登也許只是一名默默無聞的藥劑師。

　　許多人與成功擦肩而過，是因為他們沒有經營好「興趣」與「特長」。培養好你的興趣才能增加工作的動力，發揮出你的長處才能增值你的人生。

小秘訣

職場中，有多少人能飽含激情地始終「樂在工作」？很多人不是覺得工作了無生趣，就是覺得自己被老闆擺錯了位置，沒有辦法做到樂在其中。原因何在？蓋洛普對此進行了一番研究，得出了正確的職場訓練原則：

①每個人的天賦都是持久而獨特的。

②每個人的最大成長空間在於他最擅長的領域。

---

5. 找對你的「職場貴人」

　　Tony 在一家大型傳媒公司裡工作。某一天，部門經理帶來一個大四實習生小林，讓他帶著學習一個月。

　　盡職的 Tony 立刻把小林的工作做了一個非常細緻的安排。在最短的時間內，讓小林了解了傳媒公司的一套整體操作流程。新聞事件的跟蹤報導、記者發佈會等也都一個不落地讓他參與。在完稿後，還好心地把小林的名字也聯署上了。

　　一個月後，Tony 不僅得到上級嘉獎，還高升為另一個部門的主任。原來，小林是集團董事的侄子，經過相處，他對 Tony 既崇拜又敬佩，在董事大人面前，自然就忍不住多讚揚幾句了。就這樣，陰差陽錯，實習生反而成為了「職場老師」平步青雲的貴人。

　　大多數職場人都是普通人，沒有家庭背景，沒有社會地位，過著給老闆

打工，看老闆臉色的日子……誰都希望有個「職場貴人」來助一臂之力。而現實是，大多數員工都說，從未真正遇到過貴人。其實，只要在日常工作和生活中做個有心人，脫去「有色眼鏡」並時刻注重自身形象和人格的塑造，那麼，貴人就會在你身邊現形。

　　小李是一名普通清潔工，他所在的公司很大，樓上樓下幾十間辦公室，每天的工作量很重。除了他，公司還有一位 60 多歲的老阿婆。阿婆有個兒子，在遙遠的城市讀大學，迫於生計她才不得不做清潔工。一天工作下來，阿婆便累得不停用手捶著老邁的腰。

　　看到老人家這麼辛苦，小李於心不忍。為了照顧老人，他每天提前兩小時到公司，先打掃好衛生。等阿婆來上班時，全部的重活已經被做完了，阿婆只需拿著抹布，慢慢地去擦桌子。

　　就這樣，過了兩年多，小李辭去了清潔工的工作，去工地做了一名裝修工人。

　　幾年後，小李的公司新來了一個 MBA 畢業的副總經理，三十歲左右。他找來小李，說有一個小工程想包給他做，讓他去組織些工人。哪個打工仔不想當包工頭呢？可是沒有啟動資金，巧婦難為無米之炊。新經理拍著小李的肩膀微笑道：「好好做！資金問題不用擔心，我讓財務室先預支給你。」

　　為了報答經理，小李嚴格按照相關規定施工，工程品格完成得很好。一年下來，小李操刀的施工隊成了公司裡的一枝獨秀，經理也更加賞識他了。兩三年後，小李就買下了屬於自己的房子。

　　一次酒席上，小李動情地舉著杯，恭敬經理：「您真是我的貴人，改變了我的命運。」

　　「改變命運的其實是你自己，你的工程品格要是不過關，我也不敢包給

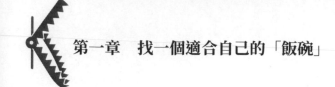

你呀。」隨即，他眼裡閃過一絲微笑，「另外，你還記得幾年前那位清潔工阿婆嗎？我就是她那個在外地讀大學的兒子。畢業後她一直叮囑我，要是有機會，一定要好好報答你。」

有時你不會意識到，你曾幫助過的人會因為境況變好，日後反而成為你的貴人，使你的命運出現新的轉機。

職場中，貴人不會無端從天而降，「先做人，後做事」，平時若能勤於耕耘，處處與人方便，盡可能心存善念，廣行善舉，無意間的滴水之恩，換來的可能就是日後的湧泉相報。從這個意義上說，最大的貴人有時不是別人，恰恰就是自己。

李嘉誠曾這樣詮釋「貴人」：「一個人的富貴是內心的富貴。貴，是從一個人的行為而來。」這是一個不錯的啟示。很多時候，職場人士應該在自己的所作所為中檢視自己，只有自己「正」了，貴人才能看得上你。人脈是一種相互間的「共榮」關係，你在利用別人之前，要先創造自己的「可利用價值」，有付出才有回報。

其實，職場處處皆貴人，他們可能就是你的朋友、上司、同事，或是萍水相逢的人。而機遇不會光顧沒有準備的人。想讓貴人替你出貴言和貴力，至少得讓貴人發現你，並認為你值得幫助。

卡內基國際機構大中華區負責人黑幼龍曾說，「完整的人際關係包含三個階段：發掘人脈、經營交情、出現貴人。」絕對不要小看你身邊的人！職場貴人，通常無法一眼就看出，因此不要太功利地與人結交。與人為善，被越多人喜歡是培養貴人並最終找對貴人的關鍵一步。

小秘訣

職場貴人，並不單指那些手握資源、權力的人。想找對貴人，必先能識別貴人。什麼樣的人會有可能成為你的「職場貴人」呢？

①你真正景仰的人，而不是你嫉妒的人②真心與人相處的人

③把專業做到最好的人④願意時常嘮叨你的人

⑤可以和你分享的人⑥教導及提拔你的人

⑦相信並欣賞你的人⑧遵守承諾的人

6. 價值決定工作

　　一次，美國福特公司的一臺電機發生了故障，由於結構複雜，職員們花了整整三個月還是弄不明白問題所在。於是，公司請來了德國專家斯坦因門茨。不負眾望，他很快找到了故障原因。他當即拿起粉筆在電機外殼的某個位置上畫了一條線，讓工人們按他標識的地方把線路接通。很神奇，工人果然在粉筆線那裡找出了故障。整修完後，這臺大型的電機終於正常運行了。為此，福特公司給了斯坦因門茨一萬美元的報酬。於是，一些人妒忌地說，他只是畫了一條線便能輕鬆拿到豐厚獎金。而斯坦因門茨的解釋是：「畫一條線只值 1 美元，值 9999 美元的是知道在什麼地方畫線。」正是個人的價值體現，使斯坦因門茨勝任了他的工作，並得到財富女神的眷顧。通常在大家眼裡，擦鞋是一份低微的工作，從事這類工作的人，也被認定是不會有什麼出息的。然而，在日本，有一個叫源太郎的人，卻憑著擦鞋的手藝，成就了輝煌人生。源太郎原本在化學工廠打工，因為工廠倒閉而失業在家很長一段時間。直到偶然的一次機會，他結識了一位美國軍官，學到了這位軍官擦鞋的

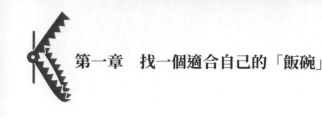

技巧，從此他便迷上了這項工作。後來，只要一聽說哪裡有好的擦鞋匠，他都會虛心跑去請教。日復一日，源太郎的技術越來越精湛，並且獨樹一幟，他自行調製鞋油，也不使用鞋刷，創新地使用木棉布擦拭。那些黯淡無光的舊皮鞋，在他用心擦拭下，煥然一新，而且光澤持久，每一雙的光澤度至少都能保持在一週以上。觀察入微的源太郎，甚至練就了一些特殊的本事：只要擦肩而過，他就能知道對方穿的鞋種；瞅一眼鞋子的磨損部位和程度，便能道出鞋主的健康與生活習慣。東京一家四星級飯店，一眼相中了源太郎精湛的技藝，邀請他入駐飯店，專職為那些挑剔的顧客擦鞋。自此之後，許多來東京的名人，紛紛指定要住這間飯店，其中最重要的原因，正是為了讓自己的皮鞋同樣享有「星級服務」。

他們腳下踩著被精心呵護過的皮鞋，心中則記下了「源太郎」這個名字與他 100 分的服務。久而久之，源太郎的「擦鞋」服務名聲鵲起，連來日本的國外遊客，也指名道姓找源太郎來擦鞋。

「聞道有先後，術業有專攻。」再不起眼的工作，也具備其自身的專業性，需要從業者累積經驗，突破創新。如此，才能把細微瑣碎的工作做得更出色，體現自身價值。職業不分貴賤，職場生活中，那些越微不足道的工作，其實也越能突破常規，因為它們的存在價值常被人忽略。記住源太郎的擦鞋態度與生活哲學，工作成敗是由你創造的價值決定的。當你也能像他一樣用專業創造價值，人生便將獲得更多的超越與提升。

有一天，一位非常鬱悶的副經理找到他的美國上司，抱怨道：「我都工作三年了，沒有功勞也有苦勞，沒有苦勞也有疲勞吧，為什麼薪水一直漲得那麼慢？」

你會不會也總想如此質問你的上司？又或者，你的下屬忿忿不平提出這

個問題時，你卻不知道如何作答？

這位美國上司給出了這樣一個答案：「先生，公司付一個人的薪水是按照他的價值來定的。我們看到你雖然工作了三年，方法卻一成不變，這三年你有什麼突破嗎？你工作了三年如同只工作了一年，因為另外兩年你只是單一的 copy and copy。你若能提高自己的工作能力，把自己的貢獻和價值發揮得更大，那麼你將得到更多的薪水。價值越高，工作績效越好，薪水也就會越多。」

最後，美國上司指著大門口那個警衛說：「你看那個警衛，他工作的比你更久，在那個職位上已經八年了，但薪水一次也沒有增加，因為他的價值一直就停留在那裡。」

馬斯洛的需求理論告訴我們：工作為了薪水，只是最低層次的一種需要。每個人都有自我價值實現的渴望和需求。對於職場人士來說，工作恰恰是實現自我人生價值的一條最佳途徑。同時，你手中的價值籌碼決定了你的工作方向、工作績效、工作薪酬等等。

小秘訣

耳邊常常會聽到一些員工抱怨：主管對他們的能力和成果總是視而不見；公司的薪酬體制不公平不合理；老闆是吝嗇鬼，付出再多辛勞總得不到理想的回報……

工作只是一種媒介，一個平台，回報取決於你體現的真正價值，是金子總會發光。價值高的人，才能成為不可或缺、不可替代的人。無論何時何地，要讓自己成為老闆手中一隻永不貶值的優質股。

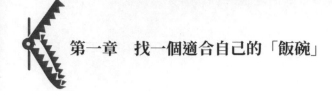

7. 要成功，需自信

自信是事業成功的保證。什麼是自信？自信就是，相信自己有能力去實現既定目標。

拿破崙軍事上的才能並非舉世無雙，但他的自信卻堪稱獨一無二。拿破崙生來就是一個貌不驚人、黝黑而矮小的人，一旦身處炫麗驕奢的貴族階層裡，更顯得毫不起眼。

當年，在一場非常盛大的舞會上，寂寂無名的拿破崙遇見了約瑟芬，並愛上了她。然而，她是巴黎最美的女人，絕沒有人相信這朵鮮花會插在拿破崙這堆「牛糞」上。但是，拿破崙是自信的，他沒有自慚形穢地悄悄溜走，反而猛烈進攻，約瑟芬最終成了他的妻子。在愛情上，自信使他抱得美人歸；在軍事戰爭方面，他的自信更是橫掃千軍。拿破崙站在雄偉的阿爾卑斯山上，即使面對敵人的千軍萬馬，仍能面不改色，自信地大喊：「我比阿爾卑斯山高！」

每次出征前，與妻子告別的時候，他總是自信滿滿地說：「我不會令你失望的！」就算戰爭失利，就算窮途末路，他仍然給自己信心：「是俄羅斯的冬天，而不是俄羅斯人把我們打敗的！」

即使他被流放到荒涼的聖赫勒那孤島上，在嚴密監控下，度過了將近 6 年暗無天日的時光。彌留之際，他仍自豪地感嘆：「我的一生是一部多麼精采的小說啊！」正是自信成就了拿破崙，使他成為歐洲的霸主，塑造了他的精彩人生。著名的成功學奠基人和勵志導師羅杰·馬爾騰說道：「你成就的大小，往往不會超出你信心的大小。……成功的先決條件就是自信 —— 缺乏自信，就會大大減弱自己的生命力。」許多人認為機會總是屬於那些最聰明、

最優秀的人才，因此，往往還未應徵，心理上就已落選。

美國 UTstarcom 中國區總裁吳鷹，在還是留學生的時候，曾應徵一位著名教授的助教。這是一個不可多得的機會，收入豐厚，不影響學習，還能領略到最先進的科技資訊。但這麼想的何止他一人呢，吳鷹趕去一看，報名處早擠滿了應徵者。

經過層層篩選，得到報考資格的各國學者還有 30 多人，個個都是精英，成功的希望很渺茫。但每個人還是使盡渾身解數去爭取機會，就在考試前幾天，有幾位中國留學生幾經周折打探到了主考官的情況，但他們發現：這次考試的主持教授竟然曾在朝鮮戰場上當過中國人的俘虜！

中國留學生們頓時如遭雷擊，一下全死心了，讓「中國人的俘虜」提拔中國人是不可能的事，他們紛紛宣告退出競爭，不願再浪費時間。吳鷹的一位好朋友也勸他去幹點其他更可能的事。

吳鷹並沒有因為這些而放棄，機會面前人人平等，他還是充滿信心地參加了考試。當最終坐在教授面前時，他侃侃而談，完全融入到了助教這個角色中。「好！就是你了！」教授當即給了吳鷹一個肯定的答覆。其實在所有的應試者中，吳鷹並不是最好的，但其他留學生看起來好像很聰明，其實是自作聰明。教授說：「既然是為我工作，做我的好助手就行了，還扯幾十年前的事幹什麼？我很欣賞你的勇氣，這是我錄取你的原因！」

後來經過證實，教授當年的確做過中國軍隊的俘虜，但中國士兵對他很好，從來沒有為難過他，他至今還念念不忘。無論是求職還是創業，自信都是第一位的，才能並非決定成功的唯一因素。如今，吳鷹功成名就，被美國著名商業雜誌《亞洲之星》評選為最有影響力的 50 位亞洲人之一。

珍妮是個自卑的女孩，總愛低著頭，她一直覺得自己長得不夠漂亮。有

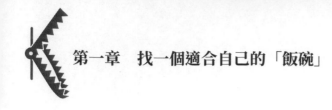

一天，她到飾品店去買了個粉色蝴蝶結，戴上後，店主不斷讚美她戴上蝴蝶結後非常漂亮。珍妮雖半信半疑，但是挺高興的，就不由地昂起了頭。因為急於讓夥伴們看看，出門還與人撞了個滿懷。珍妮急匆匆回到學校，昂首挺胸地走進教室，迎面碰上了她的老師，「嘿，珍妮，你今天看起來真美！」老師由衷地拍了拍她的肩說。那一天，她非常開心，得到了許多人的讚美。她想一定是蝴蝶結的功勞，可拿起鏡子一照，竟然發現頭上根本就沒有蝴蝶結。原來在出飾品店的時候，蝴蝶結早撞飛了。自信，它不止能給你的外表添彩，也會讓你的人生更美麗。

小秘訣

不管你是職場新人，還是職場元老，在工作中必然會遇到不順、挫敗、打擊……這時候，一旦失去信心，就將失去主動權，失去成功的機會。

作為一名優秀的職場員工，在任何情況下，不管面對任何挑戰，都要對自己說：「我很棒，我是最好的，我每天都能取勝，我無所畏懼，我每天都會創造很高的業績！」堅信自己能夠成功，是取得成功的積極條件；堅信自己是勝利者，最後才能立於不敗之地。

記住愛默生的話：自信是成功的第一祕訣。

---

8. 站上高平台，離勝利更近

有一位女教師，偶然間，在自己女兒的繪畫作品中看到了一幅奇特的畫，她當時百思不得其解。在女兒這幅名為《媽媽帶我逛街》的畫中，看不見高樓大廈，也看不見車水馬龍，更看不見琳瑯滿目的商品，只有數之不盡、大同小異的一雙雙人腿……

通常孩子的內心總是充滿了想像，孩子筆下的世界也應該是一個充滿想像的炫麗世界，可是，為什麼女兒的畫中只有單調的人腿呢？

她覺得很奇怪，拿著「人腿畫」沉思了很久，終於如夢初醒。原來，讀幼兒園的女兒身高還未到大人的腰部，大街上人群川流不息，女兒被這些大人們所遮掩，眼前除了他們的腿，還能看到什麼更有趣的東西呢？孩子上街被擋住視線，眼裡沒有繁華和熱鬧，只有大人們的腿，這是她的身高決定的。同樣，一個員工目光短淺，眼裡只有自己的薪資待遇和近期利益，而沒有公司的整體運行和長遠發展，這是由他當前的位置和視野決定的。不是每個孩子都能抬起頭以大人的視角去觀察世界，也不是每個員工都能站在老闆的角度上看待問題、分析問題和處理問題。這就是員工和老闆的差距。

一位員工在一份報告中詳細匯報了自己的工作，並列出了他所遇到的所有問題。經理看完報告後找來這位員工，徵詢他對這些問題的看法，以及解決問題的方法。這位員工卻「低調」地說：「問題我已經提出來了，怎麼解決不在我的權利範圍內。我的職位太低，不能說讓別人怎麼做，下指示是你經理的事情。」

你是否也覺得這位職員太不懂老闆的心思了？很多時候，你沒有這麼說，卻是這麼想的。一個人所處的高度，往往決定了他的見識和決斷力。與其埋怨世事不如意，不如積極進取，登高望遠。只有敢想敢做，你才有機會成為一個離成功更近的好員工。有兩個和尚，分別住在相鄰兩座山上的廟裡。在這兩座山之間只有一條小溪，每天的同一時間，他們都會下山到小溪邊挑水，於是，漸漸地就變成了好朋友。就這樣，日復一日，不知不覺五年過去了。突然有一天，左邊山上的和尚沒有像往常一樣出現在小溪邊，右邊山上的和尚想：「他大概睡過頭了。」便沒把這事放在心上。

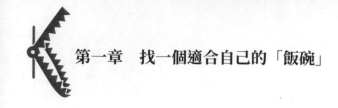

但是，第二天，左邊山上的和尚還是沒有下山挑水，第三天也一樣，一個星期過去了，這樣又過了一個月，右邊山上的和尚終於待不住了，他想：「我這老友也許生病了，我還是上山探望一下他吧，看看能幫上什麼忙。」

等他爬上了左邊這座山，一到了廟門口，他大吃一驚，只見他的老友正在廟前慢條斯理地打太極拳，紅光滿面，絕不像一個月沒喝水的人。他很好奇地上前問道：「朋友，你已經一個月沒有下山挑水了，難道你有什麼祕訣嗎？」

打太極的和尚說：「呵呵，來，我帶你去看。」於是，他帶著滿臉疑問的和尚來到了後院，指著一口水井說：「這五年來，我可沒閒著，每天做完功課後，我都會抽空挖這口井。不管多忙，風雨無阻。皇天不負有心人，終於大功告成，現如今我再也不用下山挑水，可以有更充足的時間做我喜歡的事情了。」

一個員工在公司領的薪水再多，那都是每天下山挑的「那點水」。而利用剩餘的時間去挖一口屬於自己的井，不僅有水喝，而且還喝得悠閒。只有站得高，把目光放長遠，才能越工作越快樂。

把自己放在一個高平台上，把目標細分後，化為一個個實際行動，這樣離勝利還會遠嗎？

小秘訣

職場潛規則：一旦你站在第一級樹枝上，就離第二級樹枝上的人很近，那麼第二級樹枝上的人便有機會向你伸出手；這樣，當你也站到第二級樹枝上時，你又有了向第三級樹枝伸出手的機會……但是，如果你只停留在最初的第一級樹枝上，那麼，你永遠也沒有機會得到最上面之人伸出的「援手」。

視野，決定了你職業生涯的高度。還在埋頭苦幹的職場人士們，請你們自己先爬上來，低調做員工，高調做工作，告訴「上級樹枝」你是一個「不錯的」傢伙。

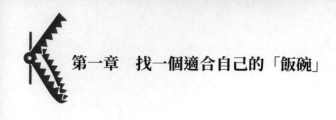第一章　找一個適合自己的「飯碗」

第二章
努力工作始終是硬道理

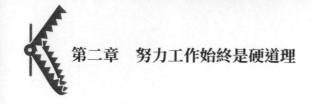
1. 老闆還是最欣賞工作中的你

　　不管你多麼才華橫溢，不管你手中捏著多少張文憑，不管你多會討老闆歡心，也不管你多會耍小聰明……最終，你的行動力才是老闆考量你的標準。

　　你是否在努力工作？你是否能把工作做好？你是否把工作看得很重要？這些才是老闆最在意的，你努力工作的樣子也正是老闆最欣賞的。

　　法國著名雕刻家羅丹正是一個工作起來廢寢忘食的人。有一天，他邀請好朋友 —— 作家褚威格來他家做客。

　　羅丹和這位既是朋友又是晚輩的作家坐在一張小飯桌前共進午餐，並溫和地與他交流。文學和雕塑這兩朵藝術之花，使他們志趣相投，相談甚歡。就這樣，午餐在愉快的氛圍中進行著。

　　飯後，羅丹又迫不及待地帶著褚威格去參觀自己的藝術殿堂 —— 雕塑工作室。

　　一踏入室內，滿眼的雕像，形態各異，有完整的，也有許許多多的小塑樣 —— 一隻手臂，一隻手，或只是手指、指節。桌子邊還有一些半成品和堆著的草圖，羅丹的工作室簡直就是雕塑的誕生地。這就是他一生工作與奮鬥的地方。

　　一融入這個環境，羅丹就不由自主進入了工作狀態，他穿上粗布工作衫，在一個臺架前，他停下腳步，「瞧，這是我的近作。」說著便揭開上面的濕布，現出了一座女性正身塑像。

　　「這個是成品了吧？」褚威格走向前，看著這個美麗的藝術品說。

　　只見羅丹低頭不語，端詳了一陣這個人像，忽然皺著眉頭說：「啊，

不！還有點毛病……左肩偏斜了一點，嗯，臉上……對不起，請等我一會兒……」話還沒說完，他迅速拿起工具刀輕輕滑過軟和的黏土，給塑像肌膚增添一種更柔美的光澤。

他健壯的手臂不停地來回晃動，他的眼睛閃爍著智慧的光芒，神情亢奮。隨著一塊塊黏土碎末的掉落，雕塑變得更為生動活潑。「噢，還有那裡……還有那裡……」他倒回去，把臺架轉過來，又修改了一下，含糊不清地自言自語。

褚威格站在後邊，面露理解的微笑，欣賞著這個對工作認真執著的藝術家。工作中的羅丹，一會眼睛高興得發亮，一會又緊蹙雙眉，苦苦思索。他捏起小塊的黏土，黏在塑像身上，又刮開一些。這個藝術家，已完全陷入了創作激情之中。

就這樣，不知不覺過了半個鐘頭，一個鐘頭……羅丹渾然忘我，在雕像前忙忙碌碌，如醉如癡，完全忘了褚威格的存在。對他來說，除了工作，整個世界好像已經消失了。

許久之後，修整完畢，他終於心滿意足地扔下刮刀，溫柔多情地用濕布重新蒙上，然後逕自走向門外。

快走到門口的時候，他突然看見了已默默等候許久的客人褚威格。這時，他才恍然想起還有個朋友在一旁。他頓時感到很失禮，趕緊驚慌道地歉：「啊，對不起，褚威格，我完全忘了你在等我……」褚威格卻早已被羅丹的工作熱忱深深打動，緊緊地握著對方的手，一切盡在不言中。

有誰會責怪一個忘我工作的人呢？你不得不認同這一點：努力工作著的人是最美的。

一個員工真心投入在自己的工作中，他所散發出來的氣場，周圍任何人

37

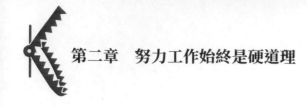

都能感覺得到，就連挑剔的老闆也會忍不住被你吸引。行動永遠比誇誇其談更重要，與其傾聽你的奇思妙想，老闆更喜歡欣賞工作中的你。

很多人總是抱怨：自己工作努力，但是老闆看不到。是老闆真的太忙，以至看不到或熟視無睹嗎？這裡有一個很說明問題的笑話：

曾經有兩個食人族到某公司上班，上班第一天老闆就發出警告：「一旦發現你們在公司吃人，立刻開除！」

三個月過去了，大家相安無事。突然有一天，老闆氣勢洶洶地把這兩個人叫到辦公室，大罵道：「我怎麼跟你們說的？叫你們不要吃人你們還吃，明天都不用來上班了！」

這兩個食人族只得灰頭土臉地收拾東西離開，出門時一個忍不住罵另一個：「笨蛋，告訴過你多少遍了：不要吃幹活的人，不要吃幹活的人……三個月來我們每天只吃一個部門經理，安然無事。昨天你吃了一個清潔工，今天就被發現了吧！」

可見，真正在幹活的人，絕對不會被埋沒。即使今天沒被看見，明天也會被發現。老闆不說話，不是看不見你，而是看在眼裡，記在心裡。等到時機成熟，業績凸顯，突然某一天，你就可能會驚喜地收到老闆的「英雄帖」。

小秘訣

在職場中，別怕自己寂寂無名，也別擔心不被賞識，更別抱怨老闆對你不公。學會讓自己始終保持平和的心態，放低自己的姿態，全身心投入工作，只有兢兢業業，才能做成大事業。

少說話多做事，才能脫穎而出。你不是在為別人工作，而是在為自己工作。你不是在為薪酬工作，而是在為自己的未來工作。

2. 每天只需多做一點，你就快人一步

如果一個人在工作中想的永遠是少做一點兒，偷閒一會兒，那麼就別埋怨自己總是位居人後了。

張偉是個剛入行的快遞員，20出頭，其貌不揚，還戴著厚厚的眼鏡。說話時，臉會微微發紅，有些羞澀。不像其他那些同行，穿著休閒裝平底鞋，方便跑上跑下，而且個個能說會道，他卻穿著西裝打著領帶，皮鞋也擦得鋥亮。見到的人都說，這個傻小子，穿皮鞋送快遞，也不怕累。

對於這份新工作，張偉比其他人都認真。每次簽收，他都先確認簽收人的身分，接收後又等簽收人打開，看物品是否有誤，然後才離開。所以他每接送一個快遞，花的時間比其他人要多一些，自然，賺的錢也少。

因為他的西裝革履，他的沉默寡言，他的認真謹慎，客戶們便都記住了他，一旦有快遞，就下意識地找到他。

在「五一」放假前一天，他甚至靦腆地提著一袋紅紅的橘子，敲響一家客戶的門：「我的第一份業務，是在這裡拿到的。為了感謝大家照顧我的工作，所以給大家送點水果，祝勞動節快樂。」

這橘子是街邊小攤上買的，個頭都不大，味道還有一點兒酸澀。可是誰也沒有說一句挑剔的話，反而都有些不好意思，工作那麼多年，誰也沒有收到過這種禮物。而他，只是一個吃辛苦飯的快遞員，大家無意間讓他接了幾次活，實在談不上誰照顧誰。半天，有人說道，這小子，笨得還挺有人情味的。

也許因為他的橘子，他的人情味，只要有快遞信件和物品，這家公司所有辦公室的人都會打電話找他，還順帶把他推薦給了其他公司。

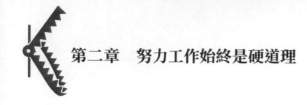

於是，張偉更忙碌了，每天馬不停蹄。但是即使在很熱的天氣，他也要穿著白色襯衣，領口扣得很整齊。始終穿著皮鞋，從來都不隨意。一次有人跟他開玩笑說：「你老是穿得這麼規矩，一點不像送快遞的，倒像賣保險的。」

他認真地回答：「賣保險都穿那麼認真，送快遞的怎麼就不能？剛培訓時，主管就說，去見客戶一定要衣衫整潔，這是對對方最起碼的尊重，也是對我們職業的尊重。」

就這樣，張偉的快遞生涯一做就是兩年。這麼簡單的快遞工作，他做得比別人都辛苦，可這樣的辛苦，最後能得到什麼呢？大家都不樂觀，他卻做得越來越信心百倍，沒有絲毫抱怨。

直到有一天，那些熟客戶看到快遞員換了一個更年輕的男孩。打聽之下，才知道，張偉已經升任主管了。

公司提升他的理由是：他是公司唯一做得最久的快遞員，是唯一堅持穿西裝的快遞員，是唯一建立客戶檔案的快遞員，是唯一沒有接到客戶投訴的快遞員，是唯一了解客戶需求和喜好的快遞員，是活幹得最勤快的一個快遞員……

張偉是如何把一份普通的快遞工作做出價值來的呢？他只是比大多數快遞員用心多一點點，努力多一點點，想法多一點點，而正是每天這多一點點，使他超越別人一大步，獲得比別人更豐厚的回報。

Tony 大學剛畢業，就考進了一家知名跨國公司。但是英文很差的他很有自知之明，每天都花一些時間去背所負責產品的英文解說詞。

一天下班後，他一個人正在辦公室加班。這時，進來一箇中年人，找了個座位坐下來便開始用電腦自顧自工作。這時，一個客戶打來電話，正好碰

上是 Tony 所負責的產品。因為每天練習，熟能生巧，他流利地用英文向客戶介紹了一番。

電話一接完，中年人便抬起頭，說了一句：你叫 Tony ？英文很棒嘛！

後來才知道，這位中年人是公司的大老闆，大中華區的董事長。從此，受到大老闆鼓勵的 Tony 信心大增，英文更是一日千里。而大老闆也經常問起那個英文很棒的小夥子工作如何，引得 Tony 的上司和同事們驚詫無比。之後，比別人更努力一些的 Tony 自然很快得到老闆的提拔。

盡職盡責完成自己工作的人，最多只能算得上稱職的員工，但是，如果能在自己的工作中再多加「一盎司」的努力，那麼，你就可能成為優秀的員工。

小秘訣

業績比你高 2 倍的同事，相對你 8 小時的工作時間，他難道工作了 16 個小時嗎？這當然是不可能的。在客戶接洽中，你一天 10 次，他也許不過多你 1 次而已。你在工作上花了 10 個小時的心思，他可能只是多用了 1 個小時。
就是這「多出的一點點」拉開了你和那些成功人士的距離。只要少計較短期內的個人得失，養成「每天多做一點點」的好習慣，你就更容易得到先機。

---

3. 早起的鳥兒有蟲吃

每個人都知道，生意場上講求爭「頭啖湯」，只有搶在別人的前面下手，才能占得先機，奪得花魁。

在《史記·淮陰侯列傳》中，辯士蒯通說：「秦失其鹿，天下共逐之，於是高材疾足者先得焉。」在戰場上，只有捷足先登，才能嘗到勝利的果實。

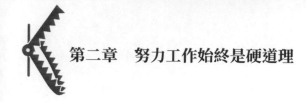

第二章　努力工作始終是硬道理

同樣，職場如戰場，凡事如果不能先人一步，那麼別人就會先達目的，占領山頭。

「早起的鳥兒有蟲吃。」這句諺語，很形象地概括了這些人人都懂的道理。

田薈是剛畢業的應屆生，求職中的她，在報紙上看到了一家知名企業應徵文員的消息，決定前去試一試。

在去公司面試的那一天，她提前半小時到公司。趕在公司職員上班前，在門口先等待。雖然不知道擔任面試官的是誰，但她想自己可以在面試之前和陸續到公司上班的人員親切地打聲招呼，這樣，便能建立起對她的好印象。結果，面試時她果然被錄用了，大家都感嘆，資質平平的她實在太幸運了。

工作後，她每天都一如既往地提前半小時到公司。由於她出門早，沒到上班高峰期，車上空位也多，路上的交通也很順暢，比別人愜意多了。她坐在車上時，就把一天的工作理了個頭緒。進入辦公室後，一切工作早已準備妥當。

當同事們還在匆匆忙忙地來回奔走，手忙腳亂地折騰時，她已經開始有條不紊地工作了。往往沒到中午休息時間，她的工作計劃便提前完成了。

一天早晨，總經理因為突發事件，比平時來得早，而他的祕書又還沒到，田薈便主動上前為總經理泡了一杯咖啡，加兩塊糖和一匙鮮奶油。總經理很詫異：「你怎麼會知道我的愛好和習慣？」

田薈不好意思地笑了笑，認真地說：「在面試前，我就從網上查閱了公司的相關資料。上班後，我又花了很多的心思，去觀察、記錄公司中每一個重要人物的工作流程和工作習慣。比如我知道您到了下午 3 點，需要一杯西湖

龍井；如果你情緒不佳，應該遞上一條冰毛巾……」總經理笑了：「你還真有心啊！」

一年後的一天，總經理的專任祕書發生意外，在短期內無法上班，而工作必須有人馬上接手。隨即，各類不同的人紛紛來爭取這個位置，有些背後有關係，有些能力很突出，但總經理的執拗脾氣和工作習慣，並不是任何人都能適應的。

人事令發佈後，出乎眾人意料，最終中榜的竟是默默無聞的田薈。

擔任專任祕書後，田薈依舊每天提前半小時到公司。一天，遠道而來的諮詢公司顧問臨時改變了行程，早晨提前來到了公司。此時接待人員還沒有來，她獲悉到顧問為了趕行程，晚上沒有休息好。於是趕緊聯繫上總經理，並按照慣例聯繫了一家賓館，招待顧問吃完早餐後，又讓顧問上午在賓館，好好休息了幾個小時，下午上課時才能精力充沛。

後來，按照諮詢顧問提出的整改計劃，公司重新對部門進行了調配，對人員進行了調整和安排。而這位顧問理所當然地向總經理建議，由田薈擔任業務部經理。

就這樣，田薈成了全公司升職最快的一個職員。當她的同學還在為飯碗苦惱掙扎時，她已順利完成了由求職者、打工仔到白領的完美過渡。

有人想知道她成功的祕訣，她笑著說：「其實挺簡單，只因提前半小時。」

當別人還在路上，甚至還在床上時，她這隻早起的鳥兒，就已做好了一切準備，準備著抓住爬過眼前的每一隻蟲子。早做準備，占得先機，其實是每個人都知道的道理。

有一家刺繡廠意外探聽到一條訊息：有一種裝有中草藥的防蟲防蝕的繡

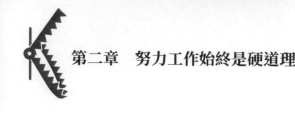
花荷包，如果生產它將大有市場。在這個機會面前，該廠長卻躊躇再三，猶豫不決。

此時，另一家刺繡廠聞訊後，主管連夜拍板，工人立即開工，日夜趕製，繡花荷包終於一個個「新鮮出爐」了。於此同時，廣州的一家貿易公司聞風而動，急忙趕去訂貨下單。不久，一外商前來與廣州貿易公司交易，一時間，產品供不應求。

看到競爭對手忙得熱火朝天，出盡風頭，那家錯失良機的刺繡廠後悔得直跳腳。時間不等人啊，不早早覓食，蟲子都被吃光了該怪誰呢？

俗話說「先下手為強，後下手遭殃」，早一點入場，就早一點排好位吃「蛋糕」，來晚了可能連「湯」也喝不上。

要想有蟲吃，就要搶占先機，掌握命運的主動權！

小秘訣

草原上，一隻獅子不停地奔跑，但是前方卻沒有任何獵物。有人問：「為什麼要跑？」獅子說：「我只有跑得比獵物快，才能獲得食物。」只見，一隻羚羊也在獨自奔跑。有人又問為什麼，羚羊說：「我只有跑得比其他羚羊快才能不被吃掉。」

不論你是強者還是弱者，只有先行一步，不斷地努力，走在他人前面，才能在職場中立於不敗之地。

---

4. 相信努力就會有回報

「一分耕耘一分收穫。」這雖然是職場人士全都知道的古訓，但是真正在職場荒田中賣力播種的人又有幾個呢？

那些妄圖以投機取巧、旁門左道來取勝的人，更是不屑付出一點兒踏踏實實的努力。然而，這個世界上真的有不勞而獲的事嗎？並且能「不勞而永獲」嗎？

在一個叫《臘八粥》的故事裡，有一對樸實勤勞的夫妻。他們倆勤勤懇懇，從早到晚一刻不停地努力工作。長年累月的付出，使他們創下了一份豐厚的家產。可惜，他們的兒子懶惰貪吃，嬌慣成性。每天在家裡衣來伸手，飯來張口，不思進取。

老兩口去世後，懶兒子和他的妻子便成天只會吃喝玩樂。餓了，吃爹媽留下的糧食，冷了，穿爹媽留下的衣服，日子過得真像神仙一般快活。可是，好景不長，過了沒多久，正好到了臘八這天，他倆揮霍得只剩一碗粥了。最後，倆人只能被活活餓死。

這對懶夫婦的收場，便是不勞而獲者的下場。世上沒有吃不完的飯，也沒有穿不破的衣，人生的天平若失去了平衡，必然東倒西歪。

不耕耘，就想收穫成果，不努力，就想得到回報，這在現實生活中就是異想天開。付出，是收穫的前提，這是千古不變的真理。

有一個有趣的童話故事，說的是一位父親臨終前，留下了一句奇怪的遺言給自己的孩子：「我留了兩件寶貝給你，有了它們，你便能得到財富。」隨後父親便逝世了。

於是，這位年輕的少年冥思苦想，翻箱倒櫃，找遍了家中的每一個角角落落，連後院也沒有放過，可他始終一無所獲，連寶貝的影子也沒見到。

一天，一位老爺爺路過，看到他心事重重的樣子，便走向前，問起緣由。少年便將事情原原本本地對老人家說了一遍。老人家聽完後哈哈大笑，告訴少年：「這兩件寶貝，就是你的頭腦和雙手啊！」少年頓時茅塞頓開，明

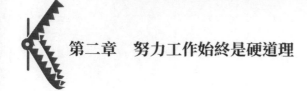

白了父親的良苦用心。至此以後，這個少年憑藉著這兩件「寶貝」，創造了許許多多財富和幸福。

任何一個人想要得到一樣東西，都要用自己的頭腦和雙手去付出勞動和努力。不勞而獲，只是偶然，只是一時。付出不一定有等量的回報，但不付出就一定沒有回報。

A對B說：我要離開這家可恨的公司。這麼多年，薪資一分錢都沒漲過！

B建議道：我舉雙手贊成！但這種破公司一定要給它點顏色看看。讓老闆後悔小瞧你的價值！你現在離開，絕不是最好的時機。

A疑惑道：為什麼？

B說：如果你現在走，公司不會有什麼大損失。你應該先留下來，拚命去為自己拉一些客戶，成為獨當一面的重要人物，然後再帶著這些客戶突然離開公司，這樣，公司才會損失慘重，哭都來不及。」

A覺得B的計劃非常能解氣，於是加倍努力工作，積極尋找客戶。事遂人願，他手裡的忠實客戶就這樣越來越多了。

半年後再見面時，B提醒A：現在是時機了，趁熱打鐵，趕快行動哦！

這次，A淡然笑道：老闆已經找我談話了，準備升職加薪，讓我做總經理助理，我暫時不打算離開了。

其實，這個結果正是B的初衷。很多人只會埋怨公司的待遇不夠理想，機會不夠多，但從來沒有想過自己為公司創造了多少價值？這種不願付出努力卻又指望得到高回報的想法，只能是一廂情願。和A君一樣，當你的價值凸顯出來，當你的作用不可取代時，老闆還能虧待你嗎？

日本有一家企業奉行「如果你有智慧，請拿出智慧；如果你缺少智慧，請流下汗水；如果你既缺少智慧又不願流下汗水，那麼，請馬上離開。」

這就是職場上的「遊戲規則」。

小秘訣

先來看看這些口號：

「我們比別人更努力。」—— 美國艾維斯租車公司

「我們非常努力地工作，也很努力地玩樂。」—— 英特爾公司

看看別人，反思自己。你努力了嗎？你盡力了嗎？你全情投入了嗎？讓老闆真正看到：

你的付出大於回報，你的能力大於位置。這樣老闆才會給你更多的機會，去為他創造更多的利潤，而同時，你的回報也將大於其他人。

種子法則：最成功的人，往往是那些播撒種子最多的人。

---

5. 公司沒有白吃的午餐

從前，在一個富庶的國家裡，有一位愛民如子的國王，在他的英明領導下，百姓豐衣足食，安居樂業。深謀遠慮的國王卻一直擔心著一個問題：在他死後，百姓是不是能繼續過上幸福的日子？

於是，國王下令召集來全國各界的有識之士。希望靠眾人的力量找到一個能確保百姓生活幸福的永世法則。按照國王的指示，學者們緊鑼密鼓地落實起來。三個月後，三本足有六寸厚的書被呈到國王面前。這群學者肯定地說：「陛下，天下的知識都被彙集在這三本書內了。百姓只要讀完它，就能確保衣食無憂。」面對這些書，國王不以為然，他認為沒人會花那麼多時間去看這麼厚的「天書」。學者們於是打道回府，繼續鑽研。又過了兩個月，這三大本書被簡化成了一本，但國王還是不滿意。再一個月後，一本書終於簡化

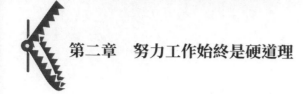

成了一張紙。國王看後終於眉開眼笑，非常滿意地說：「太好了！日後，只要百姓都能真正奉行這寶貴的智慧，我相信他們一定能永遠過上富裕幸福的生活！」

這到底是何等的智慧呢？這張紙上，其實只寫了一句話：天下沒有免費的午餐。老闆給你福利，給你薪酬，給你升職，不是在做慈善事業，你的這碗飯，是用自身價值和努力來交換的。在職場上，沒有哪一餐是免費的。有一家農戶，圈養了幾頭豬。一天，主人忘了關圈門，那幾頭豬便逃跑了。經過幾代繁衍後，這些豬變得越來越野蠻，越來越兇悍，以至威脅到路經的行人。即使是經驗豐富的獵人也拿狡猾的野豬沒轍，難以捕獲。

一天，一個老人走進了「野豬」出沒的村莊，牽著一頭驢子，拉著他的兩輪車，車上擺著許多木材和糧食。當地居民很好奇，走向前問他：「老人家，您來這麼危險的地方幹什麼？」老人回答：「幫你們抓野豬，為民除害呵！」眾鄉民一聽，全都哄堂大笑：「哈哈，別逗了，最好的獵人都做不到的事，您一個老人怎麼可能做到。」老人只是笑笑，沒有說什麼。

但是，兩個月後，老人又出現在村子裡，並向村民宣告：野豬已被他關在山頂上的圍欄裡了。

村民們當即目瞪口呆，紛紛追問老人：「啊？太不可思議了！您是怎麼抓住它們的？」

老人解釋道：「首先，找到野豬經常覓食的地方！然後在那塊空地中間放一些糧食作誘餌。當然，那些豬起初很謹慎，不過，最後還是擋不住美食的誘惑，跑了過來，小心地聞誘餌的味道。很快，其中一頭野豬下嘴吃了第一口，其他野豬便也跟著大吃起來。這時，我已經對這場智力遊戲穩操勝券。

第二天，除了增加食物量，我還在距離幾尺遠的地方支起了一塊木板。

那塊突兀的木板暫時嚇退了它們，讓它們沒有安全感。然而，那白吃的午餐還是把它們吸引了過去。野豬完全被蒙在鼓裡了。此後，我的任務只是每天在美食周圍多豎起幾塊木板，直到我的陷阱大功告成。

接著，我挖了一個坑，立起了第一根角樁。每次我多加一些東西，它們就會遠離一點，但最後都會跑來吃免費的午餐。圍欄完工了，陷阱的門也準備就緒了，它們毫無顧慮地走進圍欄。我只需出其不意地收起陷阱，那些豬就被輕而易舉地逮到了。」

是什麼讓兇猛狡詐的野豬傻傻地掉進陷阱？是那天上掉下的餡餅，更是那不勞而獲的習慣。

如果你能清楚知道出人頭地要以努力工作為代價，那麼你就會知道你在為誰工作，你就能在事業上有所成就。而那些白吃午餐的人，遲早會連本帶利付出所有的代價。

哈利是美國的一位宣傳奇才，他十五六歲的時候，曾在一家馬戲團做童工，負責在馬戲場內叫賣小食品。可是，每次看戲的人不多，買東西吃的人則更少，尤其是飲料，很少有人問津。

哈利開動小腦筋，突發奇想：向每一位買了票的觀眾贈送一包花生，以此吸引觀眾。對於這個看似虧本的買賣，老闆堅決反對。哈利便用自己微薄的薪資做擔保，請求一試，這才被勉強同意。於是，以後每次馬戲團演出前，就聽見哈利在場地外不停地叫喊：「來看馬戲嘍！買一張票免費送好吃的花生一包！」正如預料的那樣，觀眾真的比往常多了好幾倍。

其實，在炒花生的時候，哈利加了少量的鹽，這樣花生更好吃了，而觀眾也越吃越口渴，飲料的生意自然就越來越好。這樣下來，一場馬戲的營業額比以往增加了十幾倍。

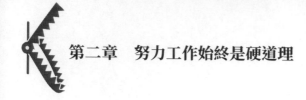

那包花生不是白送的，吃完它，你就要付出買飲料的那份錢。有時想想，你的老闆是不是就像聰明的哈里一樣？吃了老闆的飯，拿了老闆的錢，就要隨之拿出你的工作業績和工作效率。單位企業可不是救助站，天下沒有白吃的午餐。

小秘訣

一個小男孩問上帝：「一萬年對你來說有多長？」上帝回答：「像一分鐘。」
「一百萬元對你來說有多少？」「像一元。」
小男孩於是「聰明」地要求道：「那你能給我一百萬元嗎？」
上帝笑答：「當然可以，只要你給我一分鐘。」
在職場中，千萬別在上司和老闆面前自作聰明，別抱著僥倖心理，別以為能夠不勞而獲，更別以為吃了飯可以不買單。等你先給了老闆「一分鐘」，才能索要「一百萬」。

---

6. 努力工作 = 業績 + 效率

我們在生活中，經常會發現一個奇怪的現象：平凡者成功，聰明人失敗。

湯姆和吉米是鄰居，從小一起玩耍，但是，兩個人對生活的態度卻截然不同。湯姆聰慧過人，口齒伶俐，相貌不凡，學東西也是一點就通，這些上天賦予的才能讓他自鳴得意、心高氣傲。

吉米就沒有湯姆那麼幸運，他腦袋不靈，其貌不揚，資質平平。然而，他沒有因為自己是隻「笨鳥」就懶於「飛翔」。做任何事，都不輕言放棄，他踏實肯做，努力地學習、工作，一點一滴地超越自我，進而超越他人。他付出的努力比別人多，業績也比別人更突出，最終成就了非凡的事業。

而天賦異稟的湯姆卻反而落於人後，一生業績平平。每天要看那些沒他聰明、沒他機靈的「普通人」的臉色，這使湯姆忿忿不平，以至鬱鬱而終。湯姆的靈魂見到了上帝，便氣憤地質問道：「我的聰明才智遠遠超過吉米，我哪一點不比他強？我才應該是偉大的那個，可為什麼你卻讓吉米成為了世上的卓越人士呢？」上帝搖了搖頭說：「可憐的湯姆啊，你到現在還沒有明白：每個人被送到世上前，我在他生命的塔鏈裡都放了同樣的東西。區別只是我把你的智慧放在了塔鏈前面，而吉米的在後面。你先看到了自己的聰明才智，便沾沾自喜，以為只靠天賦就能成功。而吉米，認為自己比別人笨，就更加努力，他的一生都在不停地努力，努力，再努力！」即使兔子仕開始的時候奔跑於前，但是最後先抵達終點的還是有耐心和毅力的烏龜。

「我哪一點沒他強？」湯姆正是輸在「努力」這一點上。天才只能幫助你1%，而汗水才是決定你成敗的決定因素。

一個忽視業績，工作又沒有效率的員工，即使才華橫溢，也是浪費天賦。他的工作就像留在沙灘上的那一排足跡，不是給潮水沖掉，就是被其他人踩亂。你的聰明才智若沒有徹底發揮在工作上，創造出業績和效率，那麼你在老闆眼裡還不如一個清潔工的價值。那麼，你又怎麼能責怪老闆「有眼無珠」？又怎麼能成就個人價值呢？羅術‧斯道巴赫是一個了不起的橄欖球選手，有人想知道他贏球的祕訣，便問他：「球被對方截住時你怎麼辦？」他高興地說：「啊，這是我的強項！我會迫不及待地再去拿回那個球，再迫不及待地扔出去。」「要是又被對方截住怎麼辦呢？」「那就更迫不及待地搶來再扔啊！」斯道巴赫不假思索地回答。行動不止，努力不息，你的工作業績就會凸出，你的工作效率才能顯現，這是亙古不變的道理。

張莉在一家房地產公司做打字員，她學歷一般，也沒什麼工作經驗，每

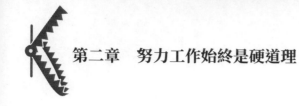
天只是面對著那些打也打不完的資料。但是，她從不抱怨，在這份平凡的工作上一絲不苟。她知道：努力工作，是她唯一可以和別人一較高下的資本。

不久後，公司資金運轉出現困難，員工的薪資也發不出了。一些人開始消極怠工，另一些人做著跳槽的準備，一時間人心渙散。一向工作積極上進的張莉看不下去了，她敲創辦公室的門，直截了當地問老闆：「您認為公司已經垮了嗎？」老闆很驚訝，說：「沒有啊！」「既然沒有，那就盡快行動，抵制消極，重整旗鼓吧！只要好好做，這次的公寓項目其實可以讓我們翻身的。」說著，她拿出自己花了幾天時間辛苦做出的項目策劃文案。

沒幾天，張莉就被破格升任公寓項目的主管。幾個月後，張莉把這個項目搞得有聲有色，為公司拿到幾千萬美元的支票，公司終於死裡逃生。幾年後，張莉仍然努力工作，有效率地幫老闆完成了數十個項目。公司改成股份制後，老闆成為董事長，功績顯赫的張莉自然成了新公司的第一任總經理。

一看到公司「有難」就坐不住，想方設法去解決困難，工作全力以赴，遇事共度難關，這樣積極上進的員工，不成功也難。既然都是同坐在公司這條船上，在後踏實肯做、在前衝鋒陷陣的那一個人，最終必然成為老闆的大紅人。

小秘訣

一旦跨入職場，就意味著你要用業績來證明自己的價值，用效率來交換你的薪資。怎麼才能創造業績？怎麼才能提升效率？怎麼才能得到重用？怎麼才能在關鍵時刻一鳴驚人？沒有捷徑，只有努力。職場萬能公式：努力工作 = 業績 + 效率

---

7. 這樣工作最有效率

在這個以效率為先,靠業績說話的時代,不是只要努力就行的。在努力工作的同時更要講究方式、方法,這樣才能把工作做到最好、最有效率。

湯姆和威廉都是認真上進的人,兩個人同在一家大公司工作。在剛入行的那半年裡,他們一樣賣力,每天工作到很晚。當然,他們的努力得到了老闆的肯定和表揚。可是半年後,湯姆「守得雲開見月明」,從普通職員一路升到部門經理。而威廉卻似乎不怎麼被欣賞,不管再怎麼努力,都仍只是一個普通職員,停留在原地。

終於有一天,心中不平的威廉,向老闆痛斥了公司的用人不公,並遞交了辭呈。老闆並沒有生氣,因為他知道威廉工作非常努力,但是效率不高,這也是他一直沒有得到升職的主要原因。

老闆希望威廉能留下來,並幫他想了一個主意,讓他明白問題究竟出在什麼地方。「威廉先生,你能現在馬上到集市上去,看看今天有什麼賣的嗎?」威廉很快從集市返回,報告情況:「集市上只有一個農民在賣一車馬鈴薯。」「一車大約有多少袋?多少斤?」老闆問。威廉又跑去,回來報告說有10袋,100斤。「價格呢?」威廉再次跑到集市上。老闆對剛跑回來氣喘吁吁的威廉說:「休息一會吧,我們來看看湯姆是怎麼做的。」

湯姆被下達的是同樣的任務,但結果卻很不同。湯姆只跑了一次集市,回來後向老闆匯報說:目前,只有一個農民在賣馬鈴薯,有10袋共100斤,價格適中,品格不錯。另外,這個農民還有幾筐新鮮的黃瓜,價格便宜,公司可以採購一些。他不僅帶回了馬鈴薯和黃瓜的樣品,讓老闆先做參考,而且還把那個農民也帶來了。

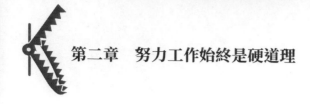

第二章　努力工作始終是硬道理

聽完湯姆如此詳細的匯報，老闆非常滿意地點了點頭：「這就是普通職員和部門經理之間的差別。」此時，站在一旁的威廉也已恍然大悟。

效率的差別來自思維方式的不同。湯姆能夠勝出威廉一籌，關鍵在於他能夠合理延伸自己的思維，比別人想的更多，心思更縝密，做事更有效率。他知道如何從整體上考慮問題，有效地把相關的工作聯繫在一起。工作中的各類枝節並不是割裂和孤立的，只有一次性全面有效地整合訊息，才能避免像威廉那樣既辛苦又低效率地工作。

老師出了十道數學題目，要學生們回去練習，星期一交作業。小 A 和小 B 兩人同班而且是鄰居。星期日，小 B 在家苦做練習，卻望見窗戶外小 A 正要出門，他驚訝地問：

「你數學題做完了？」

「沒有！」小 A 答得很肯定。

「那你怎麼不做完再出去？」

「我出去打球運動一下，回來再算。你要不要一起去玩？」

小 B 不認同地搖了搖頭。一個人坐在書桌前繼續苦思冥想，也不知道過了多久，坐得身體僵硬，兩腿麻痺，然而只完成兩題，午飯時間卻已到了。

吃完飯沒多久，小 B 又馬不停蹄地趕去做功課了。然而，越苦想，腦袋越呆滯，感覺習題也變得更難了，他便想找小 A 一起研究一下。

到了小 A 家，他母親卻說他剛去房間午睡了。在他書桌上，小華驚奇地發現，小 A 已做完了五道習題！

一小時後小 B 再去找小 A，小 A 也睡醒了，正在書桌前做習題，不僅速度快，思路也清晰。小 B 非常佩服小 A 的聰明，便向他求教。

「我只是讓自己心情放鬆，把做題想得很有趣，實在不行就去外面活動一

下筋骨，呼吸一下新鮮空氣，讓腦袋保持清醒而已，我可不是什麼天才！」

不要認為正當的休息是一種貽誤，休息，是為了走更長遠的路。上司看重的往往是結果，是效率。如果你的休息使你的工作更有效率，那麼它何嘗不是工作的一部分呢？

效率，不是蠻幹。蠻幹很難得到上司的認可和賞識。在這個知識經濟的時代，僅僅具備埋頭苦幹的精神還不夠，除了要努力工作，更要學會聰明工作。

歐美等國的家庭主婦採購家用最喜歡的方式是：每週固定一天或兩天，開車到一些大型購物中心，一次性選購全家一週的日用品、食物蔬果等。再看看東方人的習慣：每天早晨或下班後，隨著擁堵的人群，一起擠在市場上你推我揉，浪費不少時間。碰上壞天氣，或重大節日更是人滿為患，排隊結帳的時間都可以打個盹了。又如日本人：上班路上，放眼望去，電車上幾乎人手一冊書或報，充分利用時間。一到公司立刻進入工作狀態，不必再浪費時間看報了。「時間就是金錢」，尤其在職場，你的一分一秒可能直接影響公司的業務，包括自己的職業道路。

> ## 小秘訣
>
> 當你回顧自己度過的一週時感到消沉，因為你未能完成自身所期望的工作。當你在為自己打造一個成功的職業生涯時，時間才是你最寶貴的財富。效率，通俗來說，就是花更少的時間，完成更多的工作。管理學中有個叫「時間成本」的概念，簡而言之，就是精算時間、提高工作效率、增加酬勞。深謀遠慮、省時省力地工作，是一個員工提高效率的必要方法。

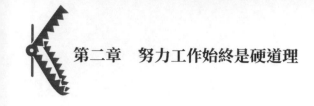

8. 努力工作也須「討巧」

努力工作的人，大致可以分為兩類：一種是埋頭苦幹的人，一種是高瞻遠矚的人。前一種是「老黃牛」，後一種是聰明人。老闆喜歡辛勤做事的老黃牛，這沒錯。你一絲不苟、努力工作，這也沒錯。可問題是，你耕耘的土地豐收了嗎？為什麼有些人乾活事半功倍，而有些人總是吃力不討好呢？努力工作固然重要，但也須動腦，也須幹得巧。唯有既肯幹且幹出成績來的員工，才能成為無可取代的人才。

喬・吉拉德是著名的營銷專家，他曾創下吉尼斯世界紀錄，被稱為「世界上最偉大的推銷員」。他的成功源自他的努力，而他並不僅僅只是努力。他獨創了一些在別人眼裡看似很「簡單」但其實很巧妙的促銷法。

「每月寄出 1.3 萬張以上的卡片」—— 這是造就吉拉德成功的祕訣。如此簡單的一件事，你無法想像吧？

吉拉德認為：所有他認識的人都可能是自己的潛在客戶。他每年大約要寄給每個「客戶」12 封「廣告」信函，但是從沒有廣告。在信封上他總是避免出現與他行業相關的字詞，即使在大拍賣期間，也絕口不提買賣，並且每次都是以不同的形式和款式投遞，人們稱這些有意思的小卡片為「喬・吉拉德卡片」。

1 月份：一幅熱情火熱的喜慶氣氛插畫，配以「新年快樂」的祝福，下面是簡單的署名「雪佛蘭轎車，喬・吉拉德上。」此外，再無多餘的話。

2 月份：「請你享受快樂的情人節！」

3 月份：「巴特利庫節到了，祝你快樂！」

4 月、5 月、6 月……同時，在封面上，你可以清楚地看見「我喜歡

你！」

可別小看幾張小小的印刷品，一到歡樂的節日，不少客戶往往就會問妻子：「過節有誰來信了嗎？」想想吧，如此一來，在每年愉悅的氣氛中，吉拉德都有 12 次機會使自己的名字出現在每個家庭中。

吉拉德在努力用卡片取悅客戶的同時，也盡力讓每個客戶對自己的服務滿意。他找到了一種「250 定律」：他發現每次出席葬禮的人數一般都在 250 人左右。具有高職業敏感度的他由此得出一個結論：一個人一生中大約與 250 人來往。照此推算，如果一個月接待 100 位客戶，其中有 2 個人不滿意你的態度，那麼一年下來，就會有 5000 多人對你印象不好。吉拉德從事汽車銷售 14 年，就會有 7 萬多人在說：「不要找吉拉德買車！」

這是一個多可怕的數據啊，所以吉拉德從不輕易說「請買我的汽車吧」！他這種不推銷的推銷方式，給人們留下了深刻、美好的印象，等到有一天他們打算買汽車的時候，第一個想到的就是 —— 送卡片而不囉嗦的喬・吉拉德。

同樣是銷售，同樣在努力地工作，但你有沒有像吉拉德那樣「善解人意」？有沒有細心地了解過你的工作、你的老闆、你的同事和你的客戶呢？

做一個職場心理學大師，學會換位思考，不以自我為中心，和同事、上司、客戶做有效的溝通。討巧地去工作，更能讓你省心省力。做一個職場有心人，動手前多花一些心思，日後將省去更多麻煩，得到更多效益。

亨利・哈里斯是一家體育用品公司的普通職員，他的公司是專門生產滑冰鞋的。由於滑冰這項運動對場地要求非常高，場地費用開銷也很大，滑冰完全成了富人的運動。而富人只是少數，所以滑冰鞋的市場不太景氣，公司只能慘淡經營。

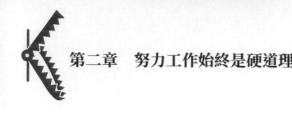

在這種情況下，哈里斯隨時都有失業的危險，話雖如此，他仍覺得只要努力，一切都有可能。一次，他看見一群孩子在運動場上玩滑板時，突然想到，要是把冰鞋下面的冰刀用輪子替換，不是就能在平地上滑了嗎？這樣對場地要求也不用那麼嚴格了。

哈里斯立刻行動，花了兩個晚上的時間，改裝出一雙帶輪子的鞋子，他嘗試了一下，在平地上滑的感覺非常不錯。經過自己的試驗，他把這雙鞋子拿給老闆看，老闆當即下令投入生產。一時間，輪滑鞋引起轟動，深受年輕人喜歡。

哈里斯一個小小的改動，不僅挽救了一個企業，創造了一種風行世界的商品，更贏得了自己的人生價值。有時候，你不是不夠努力，而是不夠用心。多留心工作中的細節，從別人忽略的、不易引起注意的小事入手，啟發自己的思維，巧妙地工作，這才是聰明人的做法。

小秘訣

不管你是「工作狂」還是「老黃牛」，你的工作形態永遠不是老闆最終考量你業績的指標。有沒有給企業帶來實際的利益，有沒有把小事做成大事、好事，這才是關鍵的。韓愈說：「業精於勤而荒於嬉，行成於思而毀於隨。」工作效益靠的是多學、多做、多思。記住：用腦子，巧妙地工作。

第三章
認真是一種工作能力

1. 認真是工作的「敲門磚」

　　仔細來看，如今很多職場人士缺的並不是聰明才智，也不是機遇和平台，而是一種認真的態度。自以為才華過人的你可能不把「認真」作為一種工作能力，但是如果欠缺這種能力，你空有一身武藝也會一事無成。

　　在一家大公司的面試考場中，坐了 50 個躊躇滿志的年輕人，他們都是被精挑細選，最後留下來角逐同一個職位。眾考生個個胸有成竹，一副志在必得的樣子。但是，很多人的這種自信很快在看到試卷的一瞬間凝固了：綜合考核題（限時 3 分鐘完成）

　　1. 請把試卷認真讀完；

　　2. 請在試卷的左上角寫上尊姓大名；

　　3. 請在你的姓名下面標上護照英文姓名；

　　4. 請寫出五顆星星的名稱；

　　5. 請寫出五種植物的名稱；

　　6. 請寫出五部科學紀錄片；

　　7. 請寫出五位中國科學家姓名；

　　8. 請舉出五本中國古典名著；

　　9. 請舉出五本外國文學名著；……

　　一共有 30 題。3 分鐘？這麼短的時間怎麼可能完成這麼多題目呢？緊張的考生們沒有認真考慮過這個問題。他們只是匆匆掃了眼試卷，便忙不迭地拿起筆，趴在試卷上爭分奪秒地寫了起來。

　　三分鐘，很快就到了。在這規定的三分鐘時間內，只有兩個人認真地完成了答題並交了試卷，其他人則還在試卷上忙得不可開交。考官沒有理睬他

們，宣布考試結束：「未按時交的試卷，一律作廢。」

現場頓時炸開了鍋，未交卷的考生們覺得這場考試實在太離譜，紛紛抱怨：「時間這麼短，題目又那麼多，怎麼可能按時答完呢！」「你們難道是比誰寫字快嗎！」……

考官笑而不答，等怨聲平息後才緩緩道：「很遺憾，各位無法透過敝公司的能力考核。不過，你們可以把自己手頭的試卷帶走，留個紀念。」考官頓了一下，「另外，不妨請再認真看看試卷，或許會對你們今後有所助益。」

聽完考官的話，大家重新拿起試卷，耐心往下看，只見最後一道題目是這樣的：

30. 如果你已經認真看完了題目，請只做第 2 題。這些聰明人個個輸在起跑線上，並非他們不夠優秀，而是抱著自身的優勢，心浮氣躁，沒有認真地執行「規章制度」。如果你面對的規則是「把試卷認真讀完」，那麼你就「認真」地讀完。任何一件微不足道的小事，都需要認真對待。成功，就是簡單的事認真地做。

「認真」往往是職場新人的敲門磚。作為新人，一沒有豐富的工作經驗。二沒有職場人際關係網。這時，聰明的你，就應該充分利用「認真」這種能力去幫助你敲開職場大門，幫助你更快適應嶄新的工作。

曾經有一個傻大個很喜歡武術，到處拜師學藝。但是他實在太笨了，沒有一個師傅願意收他做徒弟，都認為朽木不可雕也。

即便如此，他仍到處纏著別人教他。最後，他的執著勁兒讓一個師傅實在看不過去了。

這個師傅雖然心軟，打算教他，但是一想到他這麼笨，萬一出去給自己丟臉怎麼辦？把自己一世英名毀了太划不來。越這麼想他就越無心教導。

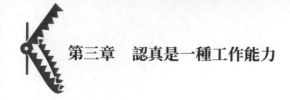

師傅一邊無奈地嘆氣一邊隨手撿起一根木棍大喊一聲：「去吧！」隨即，將棍子扔了出去，應付了事。

這傻徒弟還真笨得出奇，他把扔棍子這個動作，當成是師傅教給他的一個妙招，便心滿意足地學去了。之後，他天天苦練，很認真地扔棍子，從不喊累，也不覺得枯燥。漸漸地，手中的木棍換成了鐵棍，並且還在一天一天往上加重量。

就這樣，十幾年過去了。突然有一天，一個絕頂高手來挑戰，把所有人都打敗了，包括笨徒弟的師傅。這時，笨徒弟挺身而出，他抬腳往擂臺上一跺，瞬間地動山搖，這可是練了十多年的腳力啊。只見他大喊一聲：「去吧！」手中上百斤的大鐵棒筆直向高手飛了過去，速度快得讓高手完全不敢接招，高手當場心悅誠服地認輸了。

所有人驚訝地看著這個「笨蛋」的舉動，全都難以置信，這麼笨的人怎麼會這麼厲害呢？祕密是什麼呢？

這時，站在一旁的師傅已全都明白了，笨徒弟的成功只因兩個字：

認真！

無論多麼愚笨的人，只要認真去做事，就能擁有巨大的能力。認真，敲開的不僅是工作的大門，更是事業和人生的心門。

小秘訣

工作艱難複雜也好，職場風雲變幻也好，上司不近人情也好……這些都不是你不認真的理由。認真是一種品德，更是一種不容小覷的能力。

無需別人監督而能完善工作，並且持之以恆，這就是一種「認真」的良好習慣，一旦你養成了這種習慣，工作上那把打不開的死鎖自然而然就被你的「認真」給敲開了。

2. 責任心 —— 認真的優秀品格

我們常聽人嘴上說「認真負責」。「認真」和「負責」這兩個詞總被人們聯繫在一起，自然是有其一定道理的。

一個人心中裝著責任感，表現在行動上必然是認真地工作。而一個認真做事的人，也必然是一個有責任心的人。這樣子的人不會把問題丟給別人，他們會受同事尊敬，得老闆器重，更能在事業上取得一番成就。

美國著名心理學家埃爾森曾做過一項調查，結果令人很詫異：世界上各個領域的 100 名傑出人士中，大約有 61% 的人所從事的職業並不是他們喜歡或理想的。在自己覺得不是太理想的工作中，為什麼這些人還能取得如此受人矚目的成績呢？蘇珊的故事也許可以很好地解答這個疑問。

蘇珊出生於音樂世家，從小就受音樂的薰陶，得到了良好的音樂啟蒙，並且她自己也非常熱愛音樂。未來有一天可以自由馳騁在音樂殿堂，是她長久以來的夢想。然而，事與願違，她陰差陽錯地考進了一所大學的工商管理系。

蘇珊雖然不喜歡這門意料之外的專業，但還是很認真地學習，一絲不苟，每科都取得了傲人成績。因此，優秀的她一畢業就被保送去美國麻省理工學院，攻讀當時令很多學生趨之若鶩的 MBA。一向認真的她，更加奮發上進，最後拿到了經濟管理專業的博士學位。

如今的蘇珊，已是美國證券界鼎鼎大名的風雲人物。但一提到喜歡的工作時，她卻仍然遺憾地表示：如果時間倒流，可以重新選擇，她會毫不猶豫地選擇音樂。埃爾森博士好奇地問：「你既然不喜歡管理學，為什麼學得那麼好？之後又把工作做得那麼棒？」「因為我處在那個位置上，那裡有我應盡

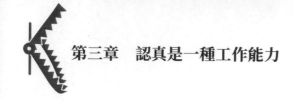
的一份責任。」蘇珊認真地說，「不管你喜不喜歡，都該積極面對。這是對工作負責，也是對自己負責。」認真負責的人，對自己將要從事的職業都會有一個清醒的認識，然後，有毅力、有恆心、成熟理智地去解決那些「內在」和「外在」的障礙，以實現自己的既定目標。時刻保持認真負責的態度，是為自己的工作擔起責任，更是為自己的未來負起責任。小李和小林剛從學校畢業，便立志來北京闖一番事業，但是在這樣一個大城市，找到一份滿意的工作談何容易。囊中羞澀、走投無路的他們只好碰碰運氣，來到一個建築工地上，看能不能找到一份暫時可以先餬口的工作。工地老闆坦言：他那兒沒有適合他們的工作，如果願意，他們倒是可以做一段時間的小雜工，不過，每天只有 30 塊錢。迫於「生存」的無奈，兩個人勉強同意了。隔天，他們就接受了老闆指定的任務：把木工打釘時落在地上的釘子撿起來。除去吃飯時間，兩個人每天一刻不停地撿釘子。不過，再怎麼賣力，一個人一天只能撿最多 1 公斤釘子。3 天下來，小林暗自算了一筆帳，發現撿釘子這事太不划算，根本不可能達到預期中節流的目的。

　　小林正要去找老闆談這件事情，小李卻立刻阻止他：「這樣不是很好嗎？有吃有喝有住有賺的，你這樣多管閒事，我們又得失業！」

　　小林沒有理睬他的話，直接找到老闆，開門見山地說：「老闆，恕我直言，你讓我們撿回掉落的釘子，看似合情合理，實際上這給你帶來的只是負值。按這種釘子的市場價算下來，我一天創造了 20 多元的價值回報，而你卻給我 30 元的薪資。這對你是損失，我們也受之有愧。如果你現在算清了，打算辭退我，我無話可說。」

　　誰知，老闆聽完哈哈大笑，讚許道，「好小子，你過關了！我手頭正缺一個你這樣的核算員！」

原來，這筆帳，老闆心裡清楚著呢。他知道他們早晚會算出來，就等著他們什麼時候過來「坦白」。如果一個月後誰都沒來找他，他們就將會被辭退。在這個故事中，小林的機遇正是來自於他對工作認真負責的態度。

一個企業要創造效益，需要有責任心，有品格，處處為公司著想的好員工。而一個缺乏認真負責態度的員工，無論他的學歷多高，技術多強，永遠都不可能接到上級委託的重任，更不可能得到別人對他的尊敬。

小秘訣

有一位老太太，在她把碎玻璃當做垃圾扔掉前，先把它們裝進一個小袋子裡，然後貼上一個註明「碎玻璃，小心」的小標籤。如果你在對待工作時，能像這位老太太那樣具備責任心，那你的職場道路會更乾淨透徹，成功離你還會遠嗎？

安德魯·卡內基認為，有兩種人絕對不會成功：一種是除非別人要他做，否則，絕不會主動負責做事的人。另一種則是別人即使讓他做，他也做不好的人。

---

3. 認真 ── 工作執行力的表現

執行力，是如今職場上常念的一本經書，但是人們往往一邊講執行力，一邊又執行不力。何謂執行力？普遍認為，執行力就是「按質按量完成工作任務」的能力。個人執行力取決於兩個要素：個人能力和工作態度。能力是基礎，而態度則是關鍵。

所以，提升工作執行力，除了增強自身素質外，更重要的是端正工作態度，時刻盡心盡力、認認真真地履行自己的職責。而執行力的表現形式，就

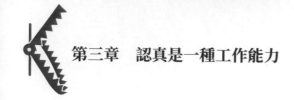

是認真。有一家小企業，因經營不善，已瀕臨倒閉。無計可施的老闆寄希望於改善經營管理體系，於是找來一位知名的德國專家拯救危機中的企業。

企業上上下下都殷切期盼，拭目以待。希望德國專家能搞出一套耳目一新的管理方法，可以讓企業起死回生，重燃生機。但是，令人納悶的是，這位專家蒞臨後，什麼都沒著手去改變，一切按原樣操作，制度、人員、設備全都沒有任何調整。

他提出的唯一要求就是：堅定不移、不折不扣地貫徹落實先前的一切制度。結果很神奇，這一「絕招」使這個絕境中的企業不到一年時間就扭虧為盈，轉敗為勝。成功，有時需要的不是「新方法」，不是出奇致勝，只是需要在工作中把所有計劃和制度都認真地貫徹執行下去。古希臘哲學家蘇格拉底曾做過一個很生動的實驗。他要求學生們做一件最簡單、最容易做到的小事情：每個人把手臂儘量往前甩，然後再儘量往後甩，每天都要做 300 下。蘇格拉底還做了一遍示範給大家看，然後問眾人是否能做到。這些年輕氣盛的學生們笑著回答：「就這麼簡單點事，怎麼可能做不到呢？」一個月後，蘇格拉底突然問：「有幾個人每天堅持甩手 300 下？」講臺下有 90% 的學生很自豪地舉起了手。又過了一個月，蘇格拉底重提這個問題。這次，舉手學生的數量減少了，只有 80%。一年後，在大家都快遺忘的時候，蘇格拉底再一次問道：「一年前，我叮囑你們每人每天堅持甩手 300 下。那麼，做到的請舉手！」學生們面面相覷，在人群中，只有一個學生舉起了手。這個學生，就是後來的著名哲學家柏拉圖。從小事中，是能看見大成就的。做一件簡單的事很容易，而要把這件簡單的事長期地執行落實下去，就需要認真的態度和頑強的毅力作支撐。孫子是春秋時期著名的軍事家，有一天，吳王想考一下孫子，便問：「任何人，你都能把他們訓練成一支優秀的軍隊嗎？」孫子答：

「沒問題。」吳王想了想，便指著門前的一群宮女說：「那你也能把這群宮女訓練成軍隊？」孫子笑了笑：「只要您能給我權力。」「好，我給你權力，但限時三個時辰。」吳王刁難道。

在訓練場上，這些從來沒受過軍事訓練的宮女，嘻嘻哈哈，鬧作一團，誰都沒把訓練當回事，誰都沒去認真對待。吳王看著這混亂的景象，覺得很有趣，就把他的兩個寵妃也叫了過來，讓她們擔任兩隊宮女的隊長。

孫子大聲說道：「停止喧譁，左邊一隊右邊一隊，馬上站好。」「女兵」們還是在原地你推我搡，沒人理睬他的話。

孫子並不著急，他繼續說：「第一次說，大家不明白，這是我的問題。現在我第二次要求你們列隊。」這些「女兵」仍沒反應，玩鬧依舊。這時孫子又說：「第二次不明白，可能還是我的錯。下面我說第三遍 —— 大家列隊，一隊站左邊，一隊站右邊。」

第三次說完，還是沒人聽令。孫子沉下臉來嚴肅地說：「第一次大家沒聽明白，是我的錯誤；第二次，還是我的錯；但是，第三次沒聽明白就是你們的問題。來人，把那兩個隊長帶到一邊，立刻斬首。」士兵立刻上來把那兩個寵妃抓了起來，「咔咔」兩刀砍了。

見到這種陣勢，眾宮女無不肅然而立，不敢再怠慢。沒到三個時辰，兩個隊列竟然有模有樣了。

可見，認真程度，決定了人的執行力度，而成績則來自於高效的執行力。

高效執行力，不在於工作經驗和學識，依靠的是每個人對制度、規則不折不扣地貫徹落實。而這種執行力最終還得靠個人的執行態度、認真，恰恰決定了執行力的高低和執行效果的好壞。

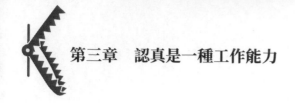

星巴克為何一枝獨秀？戴爾為何獨占鰲頭？沃爾瑪為何雄踞零售業榜首？那些在激烈競爭中勝出的企業，無一不具備傑出的執行能力。他們關注更多的是：你是否認真？你是否盡力？你是否有效率？你是否貫徹執行？

> **小秘訣**
>
> 再好的制度、再好的策略、再好的思路、再偉大的創想，如果離開了執行力，一切都沒有了意義，計劃就只是一句空話。
>
> 在職場中，那些凡事找藉口而從來不採取行動的人，一定是一個失敗者；而凡事找方法並能付諸行動的人，一定會成為成功人士，即使遭遇失敗也只是暫時的。
>
> 認真決定執行，執行成就事業。

4. 一次把工作做到位

「不管做任何事，都要全力以赴。」美國著名演講大師羅素· H·康威爾說，「成功的祕訣，不過是凡事都追求達到完美。」

在遇到一些大事件的時候，我們內心往往會很重視，然後拚盡全力。而一旦碰到的是「芝麻綠豆」的小事，反而提不起勁兒，不屑於認真對待。眼高手低直接導致的結果就是：工作上的小事大事永遠不能做到位，難以讓老闆放心滿意。

一次，耶穌和他的門徒彼得徒步遠行。途中，耶穌在地上看見一塊破舊的馬蹄鐵，便讓彼得把它挑選起來，但彼得實在懶得為此彎腰，於是假裝沒聽見，繼續走路。耶穌便不再吭聲，自己彎腰挑選了起來。

路過鐵匠鋪的時候，耶穌用馬蹄鐵換來了三個銅板，並用這錢買了 18

顆水靈靈的櫻桃。出了城，一路上經過的全是茫茫荒野，土地乾涸，遍地無水。耶穌料到彼得一定渴極了，便偷偷從袖口中掉出一顆櫻桃，彼得一見，如饑似渴，趕緊挑選起吃了。就這樣，耶穌邊走邊掉櫻桃，彼得也費力地彎了 18 次腰。最後，耶穌意味深長地對彼得說：「如果你一開始就彎下那一次腰，之後就不用沒完沒了地彎腰了。」小事不做，之後引發的事可能比原先更麻煩。一個不一次把工作做到位的人，就難免跟彼得一樣，會為自己的偷懶行為付出比原先更多的辛勞。

　　哈里在一家大公司遇到了一次很有意思的面試。考官把一張紙交給他說：「請你把上面這篇文章一字不漏地讀一遍，並且盡快一刻不停地讀完。」說完，考官直接走了。不就讀一遍文章嘛，能有多難呢？他深吸一口氣，然後認真地讀起來。不一會兒，一位風姿綽約的女士款款走來，優雅地把一杯茶放在哈里的桌上，衝著哈里微笑說：「先生，喝杯茶，休息一下吧。」哈里仍舊低著頭，不停地讀著，好像什麼也沒聽見，什麼也沒看見似的。又過了一會，突然一隻小貓爬到哈里的鞋邊，伸出舌頭舔了舔他的腳踝。哈里只是條件反射地動了下腳，眼睛始終盯著文章，完全沒意識到腳底下有隻小貓。先前那位美麗動人的女士再次來到哈里身邊，請他幫忙把小貓抱過去。哈里自顧自地大聲朗讀，完全沒有理會這位女士。沒多久，哈里讀完了，他放下文章，終於鬆了口氣。這時，考官走過來問：「你剛才有注意到那位美麗的小姐和她遺失的小貓嗎？」哈里誠實地搖了搖頭。考官又說：「那位小姐是公司的祕書，她拜託你好幾次，但你都沒搭理她。」哈里認真地解釋：「您要我『一刻不停』地讀完那篇文章，我便聽從您的指示，集中精神去讀。這是貴公司的考題，我必須認真對待，不分散自己的注意力。」

　　考官聽了很滿意，誇讚道：「小夥子，你表現得很好，恭喜你被錄取了。

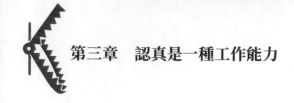

具備專業技能的人很多，但像你這樣認真的人實在太少了！」

之後，哈里憑著自己認真執行工作的熱情，和把每一件事都做到位的精神，在職位上越做越高。

「在其位，謀其事。」在實際工作中，真正能做到這一點的人少之又少。很多人都是「身在其位，心謀他政」，好高騖遠，把手頭的工作做得「缺斤少兩」，以至還要過第二遍「油」，這樣的員工是不稱職的，而且還會錯過很多寶貴的發展機會。

一個人應該認真扮演好自己的職場角色，做任何事都全力以赴，力求一次搞定。這樣的人，才能走向成功。

現實工作中，由於沒有把工作做到位，而最終造成巨大損失甚至災難的事件不勝枚舉：建築時的一個小小誤差，可能導致整幢大樓轟然倒塌；隨意丟到地上的菸蒂，可以令周邊一切化為灰燼；生產線上的一點點紕漏，就會使一批產品全體報廢……

工作中，任何環節一旦做得不到位，都可能影響大局，危害深遠。

「把工作做到位」是每一個員工的工作準則，也是做人的基本要求。只有一次把工作做到位，才能提高工作效率，才能獲得更多的機遇，才能在自己未來的職業生涯中獲得成功。

小秘訣

美國著名作家阿爾伯特‧哈伯德說：「不必等待他人的安排，自覺而出色地把工作做到位，世界將會給他巨大的回報，無論是金錢還是榮譽。」一次把工作做到位，是一種態度，是一種責任，是一種執行力，是一種高效率的體現……

說到位，不如崗到位；崗到位，不如工作到位。如何把工作做到位？千言萬語歸為兩個字：認真！

5. 認真工作，也要講求效率

很多人其實都嘗過「認真工作」的甜頭，也知道認真的人更容易得到老闆的垂青。不過，我們還是經常會聽到這種抱怨：我很認真地做事，每天都忙得不可開交，為什麼卻業績平平？其他人為什麼能輕輕鬆鬆就取得成績？為什麼我做得比別人多，得到的卻比別人少？

答案只有一個，你只知「被動地完成工作」，不會「靈活地把工作做到最好」，也就是說，你沒有講求「高效率」。忙碌不代表有效率，只能說明你碌碌無為。

安德雷‧帕拉第奧為了能成為一名建築師，從不浪費一分一秒，每天都拚命地工作。他花大量的時間在設計和研究上，除此之外，他還負責很多其它事務，被公認為大忙人。

他經常千里迢迢地從一個地方趕到另一個地方，因為他太負責了，不放心任何事、任何人，每一項工作都務必親自參與了才放心。時間久了，他自己也覺得很累。其實，有很大一部分時間，都被他浪費在管理瑣事上。這在

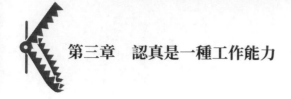
無形中增加了工作量。

有人問他：「你的時間為什麼總是不夠用呢？」他理所當然地回答說：「因為我要管的事太多啦！」後來，有位高人見他整日忙得暈頭轉向，卻成績平平，便語重心長地對他說：「工作大可不必這樣忙！」

「工作大可不必這樣忙？」就在聽到這句話的一瞬間，他醒悟了，受到了啟發。他發現自己雖然整天都在忙，但沒做多少真正有價值的事，這樣對實現目標不但沒有幫助，反而限制了自己的發展。恍然頓悟的他消減了那些偏離主方向的分力，把時間傾注在了更有價值的事務上。

很快，他的傳世之作《建築學四書》問世了，該書被許多人奉為建築師的《聖經》。而他的成功離不開那一句：「工作大可不必這樣忙！」

在工作中忙得打轉的人，總是會讓緊急的事務把重要的事務給淹沒了。人的精力是有限的，不可能面面俱到。如果你所做的一切只是白白浪費了資源，而不見成效，那麼認真和努力都是徒勞。

一家房屋裝修公司的經理，在抽檢日常財務的時候，突然發現了一份購買兩隻實驗鼠的帳單。這張關於老鼠的帳單與裝修房屋有什麼關係呢？

降低成本，減少開支是經理的職責。很快，那個遞交帳單的員工被叫進了經理辦公室。這是一個剛入職不久，但工作很認真的員工。

經理看著他問：「關於這兩隻老鼠，我想你一定可以給我一個合理的解釋。」

「上個月裝修的那幢大樓，要安裝新的電線。需要將電線穿過一根長十二公尺，但直徑只有二點六釐米的被砌在牆裡的管道，而且需要轉四個彎。大家都一籌莫展，最後我想到了一個好主意：在公鼠身上綁上一根線，把它放到管子的一端，而把母鼠放到另一端，想辦法讓母鼠發出叫聲引來公鼠。最

後公鼠果真穿過管子跑去找那隻母鼠，我們把電線拴在線上，小公鼠就拖著電線跑過了整個管道。」員工詳細地解釋了一遍。

經理豁然開朗，高興地說道：「在以後的工作中，希望你繼續運用這種智慧，我一定全力支持！」

當難題出現時，發揮智慧和想像力，以一種兒童般的思維方式去化解工作中的障礙，用最小的代價完成看似複雜的工作，毫無疑問，這位員工的處理方式正是高效率的完美體現。

認真工作是必須的，而於此同時又要提高效率，這需要小智慧，需要用心。珍妮是公司的一個小職員，但由於公司效益好，工作強度大，所以工作很忙很辛苦。而此時公司又安排給她一個新任務：幫總經理處理商業信函。

剛開始時，珍妮總因為各種其它事務而耽誤了這個任務，這使珍妮很煩惱。後來，她嘗試著改變工作方法。白天，認真地完成自己份內的工作，同時，她充分利用等車、坐車、飯後等縫隙時間。

這樣一來，不僅任務完成了，工作效率也提高了。她因此受到了總經理的誇讚，並在第二年被提拔為總經理助理。福特曾說：工作一定要有更好的結果，工作一定要有更高的效率。一些認真工作的成功人士通常會積極開發時間，並堅持不懈地加以利用，來提高自己的工作效率。

小秘訣

工作就是不斷遇到問題，並不斷解決的過程。而工作效率高低的差別就在於採取的方式方法是否有效，達到的效果是否理想。很多時候，很多問題可能都需要我們盡全力地啟動思維，去尋找一種最為合理的解決方案。學會運用一些新思維來看待和處理問題，常常會帶給你驚喜，同時讓你的工作事半功倍，輕鬆快捷。

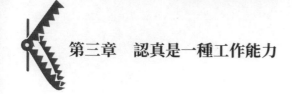

6. 既省時又省力的聰明工作法

要想在自己的職業生涯中幹出一番成績、闖出一番事業，就必需學會用腦，學會聰明地工作。這裡所說的「聰明」，並不是指知識與技能，也不是指投機取巧的小聰明，更不是指阿諛奉承、溜鬚拍馬、走後門。而是指將你的能力和態度透過合理的方式充分展示出來。

從前有個缺水的小村莊，那裡除了雨水沒有任何其它水源。為了解決缺水問題，村長決定對外簽訂一份「送水合約」，這份工作的職責是：每天把水送到村子裡。

得到這個合約的有兩個人。其中一個叫湯姆，他立刻行動起來。用兩個桶從一里外的湖泊中打來水並運回村莊，然後倒入一個大蓄水池中。每天早晨，他必須第一個起床，以便當村民們起床用水時，蓄水池中已貯存足夠。儘管每天起早貪黑，工作辛苦，但是湯姆很高興，因為他能不斷地賺錢，他對能夠擁有其中一份專營合約而感到心滿意足。

另外一個人叫比利。令人疑惑的是，簽訂完合約後，比利就消失了。一連幾個月，都沒有人再見過他。這下，湯姆更高興了，沒人與他競爭的話，他可以賺到所有的水錢。

六個月後，比利突然帶著一個施工隊出現在村莊。他們花了整整一年的時間，修建了一條從村子通向湖泊的大容量不鏽鋼管道。原來，比利簽訂合約後，做了一份詳細的商業計劃書，並找到了投資者，開了一家公司。

比利又心想，一定有其他類似狀況的村莊也需要水。於是他重新修改了他的計劃書，向附近的村莊推銷他快速、大容量、低成本並且衛生的送水系統，每一桶水他只賺 1 便士，但是每天有幾萬人要消費幾十萬桶水。顯

然，比利不但開發了使水流向村莊的管道，而且還疏通了一條使錢流向口袋的渠道。

從此以後，當湯姆還在拚命地工作，並一生都陷在財務問題中時，比利則一勞永逸，坐等收錢。

美國太空總署經過考察發現：在外太空，環境是低溫無重力的，這種情況下，太空人就無法用墨水筆寫出字來。怎麼辦呢？於是，研究人員花了一番功夫和一大筆錢，研發出了一種在外太空失重條件下也能寫出字的特效筆。這是一個很了不起的成就，當時委實引起了一番轟動。

然而，我們來看看，俄國的太空人是如何解決這個問題的？很簡單，他們改用鉛筆！

這到底是誰更聰明呢？在工作中我們也常有這種類似的盲點，很多人意識裡總認為，工作量與工作成效之間存在著一種直接關係，只要所投入的人力、物力和精力越多，獲得的成果就越多。然而，真正的聰明人花費的更少，做得更簡單，得到的卻更多、更快。

日本有一家規模很大的化妝品公司，他們曾一度收到客戶這樣的投訴：買來洗面皂，打開盒子，裡面卻是空的。

為了預防生產線上再次發生類似事件，工程師便很努力很辛苦地研發出一臺 X 光皂盒監察器，用以透視每個剛從生產線上出來的香皂盒。

當這個問題也同樣發生在另一家小公司時，他們的解決方法是：把一臺強力工業用電扇放在輸送機尾端，去吹每個香皂盒。被吹走的那個一定是沒放香皂的空盒。這個辦法夠簡單，夠聰明吧！

可見，不管是企業的需要還是個人的發展，在認真工作的基礎上，我們還需聰明工作。那怎樣才算是聰明工作？這其中包含了個人能力發揮、角色

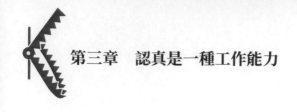

到位、時間管理、工作計劃，以及團隊協作等各個方面。

聰明的員工工作努力，因為他內心清楚自己的工作目的是什麼，自己的角色是什麼。一旦定位清晰，在工作中與團隊、與企業文化相融合，建立起良好個人形象品牌，贏得業內的知名度、讚譽度及忠誠度等，那麼，你的個人價值將得以體現，你的人生也會越來越有意義。

最受老闆歡迎的員工，是既認真又聰明的。只知認真工作而「不聰明的」，只能在原地起伏，平平發展；而那些只有聰明而欠認真的，也將施展不開抱負，寂寂無名。

小秘訣

聰明地工作，首先你要學會動腦，用思考代替埋頭苦幹。如果只是一味忙碌而不花時間去思考行之有效的工作方法，是得不到事半功倍之效的。

聰明地工作，需要創新突破，需要思維優化，需要積極上進，需要團隊合作，需要平衡工作和生活。如此，你將發現工作是簡單的，效率是顯著的，成就是輝煌的，生活是充實的，心情是愉悅的。

認真做事能把事情做好，用心做事能把事情做對。

---

7. 這樣締造完美的工作技能

工作技能，是每個職場人士手中必備的金鑰匙。字面上，它可以簡單分為：知識技術和經驗能力。而這兩者都需要在工作中不斷加以磨練，加以改進，加以提升，如此才能更趨完美。

怎麼讓這把鑰匙不生鏽？怎麼讓你的老闆缺它不可呢？歸根結底，還是離不開認真的工作態度。在工作中，當你把認真放在第一位時，才能綜合自

身各種能力和優勢。

有一位跳槽到微軟的業務員，他自認為非常優秀。第一個月，他走訪了10 位客戶，最終成交了 5 位。這對於以往他所在的公司來說，可以算是高效率了。

這個業務員自鳴得意地找到比爾·蓋茲說：「老闆，10 位客戶中我成交了 5 位，你為此是不是應該給我一些嘉獎？」比爾·蓋茲卻不以為然，聳了一下肩說：「10 位客戶成交了 5 位，那另外 5 位呢？你怎麼還敢跟我來要獎勵！」於是這位業務員慌忙去找另外 5 位客戶，最終成功說服了他們。

10 位客戶一個不落，全被拿下，這時他又去找比爾·蓋茲說：「這次，我走訪 10 位成交 10 位，真是一場華麗的大勝仗。」比爾·蓋茲並不興奮也不滿意：「你還是在浪費時間，你這點小成績對於公司的整體發展而言微不足道。你告訴我，第 11 位客戶在哪裡？」

業務員一聽傻眼了，在其他公司一向拔尖的他，竟然在微軟公司被臭罵兩次。第二個月他再接再厲，一共成交了 11 位客戶。於是他興致勃勃地說：「老闆，怎麼樣？我走訪了 11 位就成交了 11 位，成功率仍是 100%。」比爾·蓋茲卻告訴他：「很遺憾，你是公司的最後一名。因為，其他業務員都走訪並且成交了 12 位以上。」

微軟公司之所以立於世界不敗之地，靠的正是公司全體員工的認真努力。比爾·蓋茲曾多次告誡手下的員工：「要麼努力，要麼走人。」「工作需要付出 100% 的熱忱和努力，能完成 100%，就不止於 99%，雖然僅是 1% 的差距，但這 1% 不但反映出你的工作態度和作風，而且也會徹底改變你的人生。」他要求不論哪個級別的員工，都必須在其位，謀其事，態度端正，努力工作。

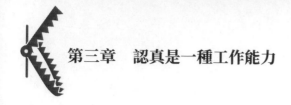

第三章　認真是一種工作能力

不僅是比爾‧蓋茲，在工作中，所有老闆都不願意看到員工顯露出一副自以為是、滿足現狀的樣子。一個員工，不管他以前曾取得過多大的成績，一旦喪失認真工作的態度，將不再提升工作技能，那只有走人。

有一個男孩以替人修剪草坪來打工賺錢，一天他打電話給蘭斯太太問：「您家需不需要割草？」

蘭斯太太在電話那頭回絕道：「不需要了，我已經有割草工了。」

男孩又試著說：「我會幫您清理花叢中的雜草。」

蘭斯太太回答：「這些，我的割草工已經做了。」

男孩又糾纏道：「您想想，還有什麼他沒做到位的嗎？我的割草技術很高超，而且費用低廉。」

蘭斯太太有點不耐煩了：「我請的那人把一切都做得很漂亮了。非常感謝，我真的不需要新的割草工人。」

男孩這才長吁一口氣，掛了電話。此時，在一旁的朋友奇怪地問他：「咦，你不是一直就在蘭斯太太家割草嗎？你為什麼要問她那些？」

男孩說：「我只是想知道自己是否做得足夠好！」

態度決定成敗，就憑著這個割草男孩對工作的認真勁，可以預見，他的割草技術必然會愈加見長。只有夠專業，技能夠高，才能成為公司裡不可代替的人才，才能具備安身立命的資本。

想要表現得更出色，想要技能更突出，方法只有一個，那就是全力以赴地投入工作。遺憾的是，一些人的想法恰恰與此相反，他們認為公司是老闆的，自己沒必要累死累活地替別人賺錢。他們不把工作當回事，不積極表現，心裡想的是：反正混一口飯吃。這樣的人不僅不被看好，自身技藝也將得不到提高。

小秘訣

你必須經常這樣問自己：還能做得更好嗎？還能做得更快嗎？別人認可我嗎？別人需要我嗎？只有這樣，才能提高工作業績，締造完美的工作技能，不斷品嚐成功的喜悅。

在職場中，我們必須隨時保持這樣一種最佳狀態：認真踏實，努力上進，多動腦多動手，勤學習勤練習。

8. 愛崗敬業，任重道遠

每一個人在得到一份工作，站上職位之前，首先要做的就是尊重和熱愛自己的職業。所謂「做一行，愛一行」，愛崗和敬業二者恰恰是互為前提、缺一不可的。

一個人做到一時愛崗敬業很容易，但要始終如一，將這種精神當作自身的一種職業道德，做任何事都善始善終，卻是難能可貴的。從前做得再好，也可能由於最後一次的不堅持而導致功虧一簣、前功盡棄。

有個老木匠已經 60 多歲了，準備退休。他找到老闆，說：「我想回家養老，與家人過過清閒自得的日子，我會想念在這裡工作的那些日子。」

老木匠一直是個工作認真的人，老闆真有點捨不得他，就再三挽留，而老木匠卻去意已決。最後，老闆只能要求他：「在離開前，你能再蓋一棟具有你個人突出風格的房子嗎？」

老木匠雖然幹起來了，但是他的心並不在工作上，他用的是軟料，出的是粗活。草草地把房子蓋好了，卻全然失去了往日的水準。落成時，老闆來了，看了一眼，便把大門的鑰匙遞給了他。

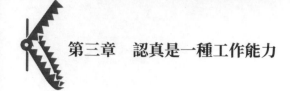

第三章　認真是一種工作能力

「這是你的房子，」老闆淡淡地說，「作為臨行前送給你的一件禮物。」

老木匠愣住了，羞愧得無地自容，他這一生都記不清蓋了多少幢好房子，沒想到最後晚節不保，為自己建了這樣一座粗製濫造的房子，造成了一個永遠無法彌補的遺憾。如果他事先知道是在給自己建房子，他又怎麼會如此不負責任呢？

在這個世界上，沒有不需承擔責任的工作，相反，職位越高、權力越大，肩上背負的責任越重。認真負責是工作敬業的表現，老木匠的遺憾恰恰是因為沒有把敬業精神當作一種優秀的職業道德堅持到底。

雁過留聲，人過留名。一個人應該以認真負責的態度對待每一件工作，並且始終堅持。否則，失去了這種精神，即使到一個新公司，下一次失去機會的可能還是你。

一個真正愛崗敬業的人，即使要離開公司，但只要人還在職位一天，就不會改變認真的態度。有些時候，也許就在離開前夕，你可能還會得到另一個全新的機會，但如果不能保持良好的心態和行動，不盡最後一份責任，那麼你將失去這個機會。

遺憾的是，很多人一旦對公司抱有一點點不滿的情緒，或者心生去意，工作態度就立即變得消極起來。這種行為恰恰暴露了自己虛偽的「敬業」面具，貶低了自己的職業品格形象。

萊特是個有上進心的孩子，但是家境貧寒，中學一畢業就跟著哥哥在港口碼頭打工，替一個露天倉庫縫補篷布。

哥哥眼裡的萊特是個傻瓜，他工作從來不知道偷個懶，借個力，為了做得更好，還經常自己主動加班。

一個狂風暴雨的深夜，萊特從睡夢中驚醒。眼見風大雨大，他立刻從床

上起來，拿起手電筒衝進大雨中。哥哥拉不住他，只好在後面大罵：「你這個傻子，這又不是你的工作，難道老闆能給你加薪資嗎？況且也沒人看見是你做的！」

萊特卻只是耿直地說：「我不能眼睜睜讓那些篷布被淋濕啊！貨物淋壞的話損失就大了！」於是，萊特冒著大雨，檢查了一個又一個貨堆，並把那些被狂風掀起來的篷布加固。

正在此時，因為擔心貨物而驅車前來檢查倉庫的老闆，恰好看到了萊特所做的一切。

當看到貨物全都安然無恙，而萊特則成了一個落湯雞時，老闆非常感動，當即表示要給萊特加薪。萊特不好意思地回絕道：「不用了，老闆，我只是出來檢查一下而已。再說我就住在邊上，很方便，只是舉手之勞罷了。」

老闆很欣賞萊特的誠實和敬業，於是決定調這個有責任心的小夥子去自己新開的一家公司當負責人。

這家公司開張在即，需要應徵新員工。於是哥哥樂顛顛地跑來對萊特說：「怎麼樣，給我安排個好差事吧！」了解自己哥哥性格的萊特說：「你不行。」

「那看個大門總行吧！」哥哥惱火道。「不行。因為你不會把公司的事當成自己的事來做。」正是保持著這種工作態度，五年後，萊特成為這家大公司的總裁，而哥哥還在碼頭縫著篷布。在現實工作中，很多員工只知抱怨，卻不反省自己的工作態度，他們往往總是忽視：被老闆重用是建立在認真完成工作的基礎上。重視自己的工作，對工作認真負責，始終兢兢業業，你會發現自己是最大的贏家。

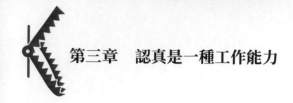
小秘訣

一些員工整天只會應付工作，卻發出這樣的言論：「何必那麼認真呢」「差不多就行了嘛」「這個工作只是個跳板，那麼較真幹什麼」......這麼想的人，只能失去工作的動力，不能忠於職守，不能全身心地投入工作，更不能在工作中取得傲人成績。

在任何時候，你都應該記住：愛崗敬業的最大受益人就是你自己。

第四章
打造成功的職場人際關係網

1. 迅速找準自己的位置

偶爾成功地完成一件事情，並不意味著你就適合做這工作，也許只是「瞎貓碰到死耗子」。認清自己的個性特點，讓這種區別於他人的特點成為自身工作上的優勢，找準自己的位置，把自己定位在適當的起跑線上。這樣，比勉強去做力所不能及的事強上千百倍。

眾所周知，萊斯，一個在種族歧視下長大的黑人，卻憑藉著自己的努力，坐上了美國國務卿的寶座。有誰能否認她的成功？在羨慕她的同時，我們是否更應該回顧一下她在 16 歲那年所作出的決定呢？

萊斯從小的夢想是成為一個鋼琴家，而她的琴藝也的確不錯。在她 16 歲那年，她考入丹佛大學音樂學院，專修鋼琴，踏上了一條成為職業鋼琴家的道路。但是，懷有遠大抱負的她，卻受到了很大的打擊。

「我要練一年才能彈好的曲子，那些只有 11 歲的孩子，卻只要看上一眼就能順暢演奏。」

她喪氣地說，「我清醒地認識到，自己是不會有在卡內基大廳裡演奏的那一天的。」於是萊斯重新規劃自己的未來，她迅速找到了自己的位置：投身政治。為了這個新目標，她努力進取，終於成為華盛頓「最有權勢的女人」。

美國國務卿和鋼琴家，哪個更具價值一些？這是兩個完全不同領域的職業，沒有絕對的可比性。但是，對萊斯的能力來說，哪個更有可能性？這個想必就比較容易判斷了。哪個更有助於她邁向成功，哪個就是她的職場位置。

史鐵生不為命運所左右，用一篇《我與地壇》感動千千萬萬的人，只因為幫自己的文學天賦找到了位置；華彥鈞（阿炳）流落街頭，雙目失明，只

能靠賣藝為生，但他卻以此為自己贏得了位置，從而展現了生命價值。

「找準自己的位置」，不要以為這是件簡單的事。你每天坐著的好位置，可能並不是適合你的位置，「認識自己」從來都是一個難點和盲點。但是，只有認清自己，找到一個最適合自己未來發展的方向，然後像顆螺絲釘一樣深扎進去，才能得到鮮花和掌聲。

職場是講求團隊協作的地方，不是個人的秀技場。團隊的功能，是讓一群尋常的人做出不同尋常的業績。所以，要想迅速找準自己的位置，就要給自己清晰定位：你屬於哪一類人？與別人相比你的優勢在哪？

認識到自己的「天分」和「缺陷」，並不意味著事業的選擇範圍縮小了，恰恰是在某些特定的方面，獲得成功的機率增加了。現代管理學中，很有現實意義地把《西遊記》中四個人物做了一番全新的詮釋和定位。

唐僧：目標最執著，自我約束能力最強。── 忙到已經沒有家的企業家

孫悟空：能力極強，個性極強，易衝動，易偏離組織和目標。── 需要組織施加控制力的優秀人才

沙僧：認同組織，吃苦耐勞，愛護團隊，能力平平。── 永遠挑著擔子的楷模

豬八戒：熱愛生活，善待自己，訊息豐富，活潑幽默，與人為善。── 員工間複雜關係的調節器、讓主管有臺階下的緩衝劑

這四個人物對應了現代職場中四種不同的職場人士。很有意思的是，如果按特徵去解析，你會發現在職場中，最優秀、最受大家歡迎、最遊刃有餘的竟然不是孫悟空，而是豬八戒。為什麼呢？因為豬八戒不會把自己當成能人、高人，他在團隊中更容易準確地找到自己的位置。這個結論或許有些無稽，但其實不無道理。唐僧目光遠大，孫悟空自視甚高，而沙僧欠缺自

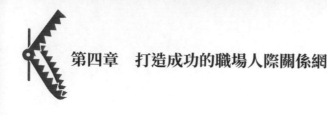

我，他們的共同點都是太「不食人間煙火」，往往拘泥於個性而抓不準自己的位置。

那麼，你選擇做哪一類人呢？

不得不承認，只有清醒認識自己、了解自己的人，才能更如魚得水地發揮自己的潛能。

寺廟一進門，第一眼看到的通常是彌勒佛笑臉相迎。轉到他的背面，才看見黑面兇煞的韋陀。但據說在最早的時候，這兩尊佛像並不是擺在同一座廟裡，而是掌管著各自的廟宇。

彌勒佛熱情好客，總是笑對眾人，所以人人都往他那兒跑。但他卻把帳務管理得一塌糊塗，做什麼都滿不在乎，還丟三拉四，結果導致入不敷出。而韋陀則是管帳的一把好手，帳目一目瞭然。但他成天黑著臉，所以香客一天比一天稀疏，最後香火斷絕。

佛祖很快發現了這個問題，於是讓他們取長補短，把他們倆擺在同一座廟裡。彌勒佛專門負責公關，笑迎八方客，香火持續大旺；韋陀鐵面無私，一絲不苟，便讓他專管財務，嚴格把關。在這種和諧的分工協作下，廟裡呈現一派欣欣向榮之景。

其實職場中沒有廢人、冗人，關鍵要看是否擺對位置。位置對了，一切就都順利無阻了。

小秘訣

富蘭克林曾說：「寶物放錯了地方便是廢物。」可見，在職場中找對位置、找準位置的重要性。

如何迅速找準自己的位置呢？有一點相當重要：認清內外部環境，分析工作團隊，然後清醒地了解自己，客觀地找到自己的優勢，並迅速按自身能力、特長給自己定位。簡而言之就是，在這個團隊裡，你到底最適合做什麼？

---

2. 沒有夥伴，再厲害的「獨行俠」也會失敗

這個世界就像一張人與人相互交纏的蜘蛛網，幾乎每個人之間都被一條無形的紐帶相連接。你還在一個人單槍匹馬，奮勇殺敵嗎？別犯傻了，職場上只有團隊成績，沒有個人成績。脫離群眾，再厲害的獨行俠也只能慘淡收場。只有當你與職場夥伴團結共進，才能眾人拾柴火焰高，才能用一片人際關係網將職場障礙一網打盡。

美國著名的福特汽車公司在紐澤西有一家分廠，效益斐然。然而，這家分廠卻曾經一度瀕臨倒閉。

到底是什麼原因造成工廠每況愈下呢？總公司派了一位很能幹的管理者去了解情況。在到任後的第三天，這位救兵找到了問題的癥結：偌大的廠房裡，一道道流水線如同一層層屏障隔斷了員工之間的距離。機器的轟鳴噪音，更直接影響了員工們傳遞工作訊息的熱情。

由於工廠效益欠佳，市場不景氣，焦急的廠長便一股腦地只顧提高生產力，而忽視、消減了工人們一同聚餐、共同娛樂交往的時間。這種看似不起眼的小問題，卻使得同事間無法彼此談心交流，心情無處發洩，工作熱情隨

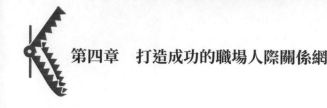

之大減，冷漠的人際關係使已然糟糕透頂的情緒又雪上加霜。因為陌生的人情世故，相互間的矛盾與日俱增，很多人抱著過一天算一天的消極態度，組織內部一片混亂。

在敏銳地覺察到根本原因後，新任管理者果斷決策：往後由公司負擔員工的午餐，希望所有人都能留下來聚餐，共渡難關。員工們心想，工廠可能已到了生死存亡關頭，需要最後一搏了，所以全都心甘情願地準備大幹一番。其實這個決定的真正目的，是給員工們一個互相溝通了解的機會，以改善工廠的人際關係。

每天中午就餐時，在食堂的一角，經理還親自架了個烤肉架，為每位員工免費烤肉。一切果然都不一樣了，在那段共餐的日子裡，大家在餐桌上談論有關組織未來走向的話題，紛紛出謀劃策，並主動拿出工作中的問題來討論，商議最佳解決方案。

這位新管理者冒著成本增加的風險，拯救了工廠的不良人際關係，促成了一個和諧共進的氛圍。儘管機器的噪音依然那麼大，但已擋不住大家內心深處的互動了。2個月後，工廠業績出現回轉。半年後，工廠起死回生，開始營利了。這家工廠至今仍保持著這一良性傳統：午餐大家歡聚一堂，經理則親自派送烤肉。

有人說「成功＝30% 知識＋70% 人脈」，還有人說「人際關係與人力技能才是真正的第一生產力」。人立足在職場永遠不是孤立的，會與不同的人發生摩擦和互助，而他們必然都是你成功的墊腳石。顯然，夥伴是推動你成功的職場貴人。你與夥伴連接而成的人際關係網更推動了一個公司、一個企業的發展進程。

曾經有一位特別聰明的商人，他為自己兒子的前途想到了一個妙招。

商人：我找到了一個非常好的女孩子，我希望你娶她。

兒子：不！我的新娘我自己去選擇！你別越俎代庖！

商人：但我幫你找來的可是比爾‧蓋茲的女兒哦。

兒子：啊！那這樣的話……

在一個大型聚會中，商人走向比爾‧蓋茲。

商人：讓我幫你女兒介紹個好丈夫怎麼樣？

比爾：您太操心了，她還沒想嫁人呢。

商人：但我說的這個好丈夫可是世界銀行的副總裁哦。

比爾：啊！那這樣的話……

接著，商人又找到世界銀行的總裁。

商人：我想介紹一位年輕人來當貴行的副總裁。

總裁：謝謝。我們現在已經有好幾位副總裁，夠多了。

商人：但我說的這位年輕人可是比爾‧蓋茲的女婿哦。

總裁：啊！那這樣的話……

最後的結果竟然是：商人的兒子娶了比爾‧蓋茲的女兒，同時又當上了世界銀行的副總裁，一箭雙鵰。

雖然這個小故事純屬虛構，但值得細細玩味。故事中的商人所用的方法是：踩在巨人的肩膀上經營人生。可見，一個好的夥伴、一片優勢的人際關係，有可能給你的未來謀劃出一番意想不到的成就。

《富爸爸，窮爸爸》的作者羅伯特曾說過：「我富有的父親認為：如果你想做一名成功的生意人，人際關係是你最重要的技巧。如果你想在生意中成功，你應該不懈地學習和提高自己的人際關係技巧。」因此，人際關係，是每個人最須慎重對待的職場課題。完美健康的人際關係，是安心工作的先決條件。

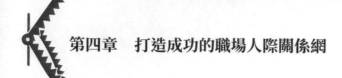

> **小秘訣**
>
> 美國著名教育家戴爾‧卡內基經過大量取樣研究，最終確認：「一個人事業上的成功，只有 15% 是由於他的專業技術，另外的 85% 要靠人際關係、處世技巧。」
>
> 人際關係，實在是生活中不可或缺的重頭戲，我們所處的社會是萬物共存、共協、共榮的，因此單打獨鬥萬萬行不通。全新出發吧，揮別你那獨行俠的生涯，你的人生將從孤寂轉為精彩。

3. 不要忘記別人的大名，要記住他們的特點

　　一個人沒有專業技能很難成功，但除此之外，還需要一些配合條件，來補充你的「競爭力」。

　　人脈，通常會在意料之外，不失時機地助你一臂之力。但你背後的這些「貴人」可不會無端從天上掉下來。除了平時要勤於耕耘，提高自我素養，更要具備一雙火眼金睛去找出潛藏的貴人。你是否還能清楚得記得以前打過交道的人長什麼樣？他們的大名是什麼？他們又有哪些特點呢？只要你能找到共同點，用心識別，關鍵時刻，必然能體會到貴人相助的驚喜。在一個暴風驟雨的夜晚，一個滿臉病態的中年人走進一家旅館，想要暫住一宿。「非常抱歉！」一個年輕的夜班服務生遺憾地說，「房間已經被訂滿了。」中年人愁眉不展，喃喃道：「我人生地不熟的，又發燒了，一時半會去哪兒歇腳呢？」服務生有些於心不忍，誠懇地提出建議：「現在是旅遊旺季，附近的旅館也應該客滿了。我無法想像這麼晚讓您重新置身於大雨中。要是不嫌棄的話，您何不住我的房間呢？反正我也要值班，並且我可以待在辦公室休息。」

中年人萬分感激地接受了他的好意，並對此造成的不便向服務生致歉。沒多久，正在房間裡頭痛欲裂無法安眠的中年人聽到了一陣敲門聲。打開門一看，是借房給他的服務生。服務生遞給他一個盒子，說：「先生，我看您燒得不輕，給您送了點藥來。」中年人為服務生的細心而感動萬分。第二天，已然精神抖擻的中年人找到昨晚的服務生，想交付房錢。服務生卻婉言謝絕：「您住的房間並不是客房，所以我不能收您的錢，何況我昨晚已經賺到加班費了！」

中年人讚嘆道：「每個老闆夢寐以求的員工，就是你這樣的！」過了沒多久，服務生突然收到中年人寄來的掛號信，邀請他到紐約一遊，另外附上一張往返機票。抵達紐約後，服務生被帶到了一棟豪華高樓裡，在一間寬敞的辦公室裡見到了那天雨夜的中年人。中年人說：「我希望聘你為我公司的經理。你願意嗎？」服務生受寵若驚，結結巴巴問了一連串：「為什麼是我？您有什麼條件嗎？我要付出什麼呢？您到底是誰？」「我是這家公司的總裁，沒有任何條件，你已經付出了你的善意和幫助。記得嗎，我早先說過，你是我夢寐以求的員工。」是什麼改變了這位服務生的命運？毋庸置疑，他遇到了「貴人」。如果當天晚上是你作為服務生當班的話，你是否能結交到這個貴人呢？「脈客」們苦心經營人脈，目的無非是希望在關鍵時刻貴人出場。其實，貴人無處不在，職場中充滿著各種不同的因緣，每一個因緣都可能把你推向一個高峰。在那之前，你必須找到貴人的特點。

我們來分析一下故事中服務生的職場貴人，從中也許能幫助你找到他們的特點。我們大致把他們劃分出以下三種特性：

（1）積極性貴人

也就是幫助你的人。他們或許是你的朋友，或許是你的同事，或許是你

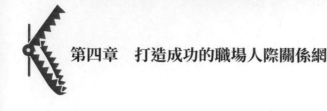

的頂頭上司，或許只是無關緊要的小人物，更或者是一個隱藏的大人物。但是，在關鍵時刻，他的一個舉手之勞或者善意的點撥和提攜，卻能幫你擺脫困境，助你飛黃騰達。

這種性質的人脈，通常帶給你最大的驚喜。因為你自己有時甚至會忽略他們。就好像服務生永遠不會相信一個病人會是他的人生大貴人。

（2）打擊性貴人

打攪你、打敗你、打醒你的人。這類人給你磨難，給你挫折。他們可能企圖心很強，處處打擊你銳氣，但人只有經歷磨難才能成長，從中往往能學到更多。奉承你的人才是最可怕的，一不小心你就被灌暈在迷魂湯裡。打擊性貴人的惡言惡行會逼你走出舒適區，但那恰是苦口良藥，當頭棒喝。

這類人可能是你嚴厲的老闆，也可能是你頑固的競爭對手。其實，中年人的出現何嘗不是服務生工作中一個意外的插曲呢，這個小麻煩他完全可以不予理睬。

（3）教導性貴人

比你聰明、具備高智慧的人。這類人是賞識和看好你的人，在你自己還看不到未來的時候，他率先看到你的潛力。

他了解你的能力，清楚你的職業規劃，可以預見你在新領域的爆發力。在機緣出現時，他會主動找上門，教導你，更新你的人生態度，激發你的潛能，助你實現職場跨越。透過具體的相處，他認可你的能力和人格，願意伸出援手，為你支付時間甚至更高的成本，給你機會發光發熱。

顯而易見，這個中年人正是充當了伯樂的角色。

小秘訣

人脈，是你的職場「貴兵」，是你的職場「氧氣」。

養兵千日，用在一時。不要忽視身邊任何一個人，也不要錯過任何一個助人為樂的機會，與人為善，熱情相待，並把每一件事都做得盡善盡美。那麼，貴人無處不在。

一些貴人很有特點，一些則特徵模糊。然而，關鍵的是：你要做一個有「心」人。

4. 任何一個聚會，你都能做稱職的「主人」

在職場中，主角意識尤其被老闆賞識。因為只有把公司利益當成個人利益，才能更盡心盡力。

哪種形式下最能體現主角意識呢？在哪裡體現又最方便、快捷、有成效呢？哪個地方最能幫你打通人際關係網呢？毫無疑問，是聚會！

聚會，這個人脈最密集的場所，不僅能展現你的個人魅力，更能幫助你打造一個成功的人際關係網。不過，在聚會上做一個稱職的主人，是有小竅門的。掌握了這些招數，那麼你身邊的隱形貴人會更快現身。

（1）站穩門口，守株待兔

聚會場所的門口，絕對是一個好地方。因為每一個出席聚會的人都必然先出現在這裡。一到場地，先別急著進去跟人打成一片。在聚會開始前，門口才是你最應該待的地方，尤其是此時場中還一片混雜。

在一家企業的年度公司聚會上，開場前 15 分鐘，Tony 就一直站在門口，笑臉相迎。僅僅 15 分鐘，足有一百餘人與他握了手。每個人都喜歡一

對一、面對面地交流，這樣會產生一種被重視的感覺。一小堆人圍在一起經常會發生這樣一個現象：總有一個人是焦點，也總有一些人被忽略。

當你駐守門口「站崗」時，每來一個人就會對你留有好印象，而這些人最終都可能成為你收穫的「兔子」。

（2）讓你的臉始終保持微笑

微笑，不僅讓人心情愉悅，排解尷尬和矛盾，更能征服人心。有魅力的人最善於使用他的微笑，當一個人與面帶微笑的人接觸交流後，必然會心生好感，如被羽毛輕撫，給他們帶去一陣舒適。

在一次宴會上，卡內基聽到一個商人在背後大肆抨擊他，此人對卡內基一直抱有很深成見。當時，卡內基就站在近旁的人群中，而商人渾然不知，仍誇誇其談。卡內基則始終安靜地站著，默不作聲，臉上掛著溫和的微笑。當商人發現他時，感到非常難堪，急忙想躲開，卡內基卻微笑著走上前，熱情地與他握手，好像完全無視那些壞話似的。此後倆人成了好朋友。

卡內基曾說：「微笑是一種奇怪的電波，它會使別人在不知不覺中認同你。」

（3）做一個健談的社交家

與其窩在角落裡鬱鬱寡歡，等待別人光臨，不如主動出擊，去和每個人交流。注意，是和「每個人」。

你可以先找那些急於自我表現的人，他們最容易下手。在人群中走動，假裝自己是聚會的主人，問問別人都在幹些什麼。三言兩語後，你要盡快了解對方是什麼樣的人。一旦他們的焦慮被消除，他們便高興起來，而且感謝你去接近他們。大多數人都不會主動接近陌生人，當你把一個人介紹給另一

個人時，不僅他們會很感激你，你同時也建立起了和他們各自間的橋樑。

千萬不要因為每個人不同的社會地位而區別對待。去和每個人交談。不管是藝術家，還是股票經紀人，不管是律師還是醫生，不管是站在角落裡的人還是服務生。讓各式各樣的人都感到你很親切。你要做的只是「把雪球滾起來」。只要你成功和一個陌生人交談起來，並找到節奏，那麼，你就是那個魅力無限的社交全能王。

（4）讓每個人身心舒適

真誠的讚美，就像食物和水一樣，每個人都需要，誰都有那麼點虛榮心。不過，別再說那些已經被用盡了的陳詞濫調。記住，你可是一個魅力十足的人，所以你一定想出「致人死命」的溢美之言。

同時，你要利用你的寶貴身體去接觸別人。研究表明：身體接觸可增進人與人之間的關係和信任。當你碰觸別人時，會分泌出一種叫催產素（Oxytocin）的荷爾蒙，它的作用是帶給人愉悅之感。當然，接觸必須得體，必須建立在不打擾到別人的情況下。

人們最容易記住那些用身體接觸來消除陌生感的人。有一個參加聚會的人在人群中走動時，看見了一個新同事，便上前自我介紹，並且自然地詢問各種關於新同事的情況。新同事潛意識中完全被他說服了，透露了很多個人訊息給他，倆人相談甚歡。為什麼倆人如此自來熟呢？這是因為，在握手時，那人友好地拍了拍新同事的手臂。不要驚訝，這就是身體接觸的影響力，在新同事眼裡，那個拍他手臂的男人非常有魅力。

每個人都要記得，多用你的言行 —— 言語讚美和身體接觸去感染、同化聚會上形形色色的人脈。當你掌握了這些小方法、小伎倆，在任何聚會上，你都能做一個稱職又得人心的主人。

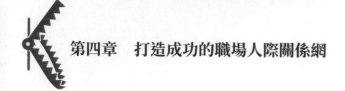

小秘訣

在職場聚會上，你可能經常會遇到這樣一些人：他們把一次好的談話變成壞的，把一種美妙的情緒變成糟糕的，因為他們滿嘴不離「消極的事」。這是職場人際交流的大忌。

如果這樣的事發生在你身邊，試著拋出事情積極樂觀的一面，把眾人從消極情緒中解脫出來，大家會對你感激萬分。沒人喜歡聽牢騷和抱怨。發揮個人魅力，吸引人脈，建立良好人際關係由你自己做主。

5. 「禮」是社交場上最華麗的衣裳

有「禮」走遍職場，無「禮」寸步難行。無論你與任何一個人打交道，都應待之以禮。社交場上，要想出奇致勝，一招翻身做主人，何必捨易求難，大費周章，用禮數定勝負吧。「禮」是百試不爽的靈丹妙藥。

有一家大公司應徵銷售人員，最後來面試的有五十個人，每個人都拿著令自己為之自豪的簡歷。但，很奇怪的是，老闆並沒有看那些黃金簡歷，在簡單交談幾分鐘後，直接從這五十人中選擇了一位貌不驚人的男孩。

有人不解地問：「我不明白，那男孩沒什麼經驗，也沒什麼特長，為什麼你偏選中他呢？」

老闆笑了笑說：「這你可錯了，那男孩是不可多得的銷售人才吶。進門前，他在門口的鞋墊上抹了抹鞋底，又輕輕地將門關上，可見他做事細緻謹慎。之後，看到一個跛腿的男人，他立刻將座位讓給他，很明顯，那男孩有愛心而且禮貌周到。」

老闆指著桌上的一本書，繼續說：「這本書被扔在地上，其他人都視而不

見。那男孩卻主動將書撿起放回桌上。等候的空閒間，他很安靜，不跟其他人圍成一堆，嘰嘰喳喳。可見他是個有條不紊，遵紀守規，責任心強的人。他一見到我，便脫下帽子，並即刻得體地應答，這足以證明他很有紳士風度，很注重禮節。他站在我對面，我能注意到他：衣著整潔，頭髮整齊，連指甲也乾乾淨淨。他的一切言行舉止，讓我立刻做出了判斷。」

這個男孩可以說是幸運的，因為他遇到了一個賞識他的老闆。他的成功更是必然的，因為他事先給自己穿上了一件最華麗的社交外衣。

其他「優秀」的求職者何以名落孫山？何以給人沒教養的感覺？因為他們忽視了社交場上的「禮」。

第一，他們不太注意個人形象。一個人就算再怎麼精明強幹，再怎麼天資聰穎，但如果素養和形象都太「糙」的話，本事再大也會打折扣；第二，他們不善溝通，不會取悅於人。良性溝通，並不是溜鬚拍馬、阿諛奉承，而是了解對方的意圖和想法，並展現自己最好的一面。

有一個性格直爽的新人，跟上司去慰問工廠基層。公事談畢，正在工廠到處轉悠時，新人突然發現上司的衣服拉鏈開著，就趕緊大聲告訴了他。上司臉色當即一沉，藉口去洗手間，新人便盡職地跟過去候在門口。不曾想到，上司一從洗手間出來，居然狠狠用眼神剜了新人一眼，不再跟他說一句話。新人覺得莫名其妙：自己善意的提醒，怎麼得到這麼一個下場呢？真是好心當成驢肝肺。

同事把他拉到一邊提醒：「看到主管儀容不整，千萬不可隨意開口，除非你是他特別信任的人，否則還不如等他自行發覺。你這樣口沒遮攔，會讓人非常沒面子。大家都是在場面上維護和氣，沒人會去主動說，你一去提醒，反而讓對方覺得自己成了笑柄，難免對你產生不快。」聽到這話，新人不停

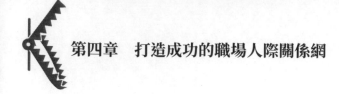

地嘆息。

遇到尷尬的場合，你不吭聲也許不會有什麼大錯，說了卻做不到不露痕跡地提醒，就怨不得別人苛責你了。話出口前可以先過一遍腦子：如果明明大家都能看到，但卻閉口不言，這自然有一定道理，槍打的就是那隻「出頭鳥」。

社交場上應酬，一定要學會說話的藝術，把話說在「禮」上。

如何避免犯前面故事中那位新人的錯誤呢？你必須知道哪些「無禮」的事是萬萬不能做的。「禮」有四大忌：忌舉止粗鄙、忌脾氣暴躁、忌搬弄是非、忌言之過頭。

（1）忌舉止粗鄙

有些人誤以為，待人接物粗枝大葉，說話直來直去，動作直截了當，是真性情，甚至以此為傲。而文雅的談吐，溫婉的舉止，在他們眼裡太「小資」，不大氣，不爽快。在社交場上，這種意識非常危險，它會把貴人趕得一個不剩，讓你成為孤家寡人。

改掉那些粗、陋、鄙的行為舉止，讓自己成為一個真正懂禮數有魅力的紳士、淑女。

（2）忌脾氣暴躁

喜怒哀樂是人之常情。但在社交場上，你的壞情緒沒有任何理由發洩在他人身上。脾氣暴躁、胡亂「攻擊」，這樣不止不禮貌，傷和氣，更讓人覺得你是一個很低能的人。隨便亂發脾氣，連自己情緒都控制不好的人，人們是不喜歡與其打交道的，自然「敬而遠之」。

心情再壞，情緒再糟，也不要喪失理智，學會克制，學會自己慢慢「消

化」，在思想上制怒於無形。

（3）忌搬弄是非

同事、朋友之間互吐心事，講幾句悄悄話、心裡話，完全無可厚非。然而你一旦忍不住飛短流長，那可就危險了。無所顧忌地傳播流言蜚語，是不負責任的表現。不僅會被人質疑品德問題，更會遭來憤恨。不僅再也聽不到別人對你的「真心話」，更將擾亂你一手打造的人際關係網。

切記，不要捕風捉影、添油加醋，不要把他人的不幸和災禍當成自己的樂事，不要把他人的隱私與苦衷當成自己的談資。

（4）忌言之過頭

與人交談忌言過其實、言之過頭。在社交場合，輕浮地跟人打趣逗樂，開一些過度的玩笑，容易引起別人不快。一旦你們之間的談話氛圍出現不愉悅，那麼不僅會讓這次交談很快結束，而且之前的良好印象也會被一筆勾銷。誇張的言辭可能會調劑氣氛，但是過了頭，過了度，過了線，會給自己貼上一種不可靠、不穩重的標籤。

切記，不要為了凸顯自己的伶牙俐齒，便不惜使用誇張的內容，甚至危言聳聽，這樣只會適得其反。

小秘訣

禮多人不怪，禮多事好辦。

如果你想在人際交往中受人歡迎，那麼請記取這三個有「禮」的原則：盡可能地去接受別人、贊同別人、重視別人。美國學者布吉林認為：「這三個原則，有如滿足人們自尊心的基本食物，在人際交往中，不可被其他東西所替代。」

---

6. 讓名片成為你最強力的推手

你相信嗎？小名片裡絕對有大學問。從某種意義上來說，你把名片遞出去，其實就是「行銷」自身價值。名片是一種具備強大表現力，又成本低廉的「行銷媒介」，它正是你人際關係上最強力的推手，是為你衝在前頭的先鋒隊。

喬‧吉拉德這個銷售衛冕之王，有一次在做關於「人脈」的演講時，曾做出驚人之舉。演講開始前，喬‧吉拉德的幾個助理不斷在場中散發名片，在場的兩三千人幾乎每個人都拿到一張或兩張。

最令人意外的是，演講開始後，喬‧吉拉德一站上演講臺，便突然把他的西裝打開，「嘩啦」一下，至少撒出了三千張名片。

他大聲宣布：「各位，這便是我成為世界第一推銷員的祕訣，演講結束！」

建立人脈資源，最重要的就是 —— 用你的名片主動出擊。

喬‧吉拉德就是這樣一個對名片「癡狂」的人。日常出門，不管去任何地方，他常常隨身攜帶幾千張名片作為「陪同」，然後，隨時隨地散發給任何他所遇到的人。他尤其喜歡那種人多、場面又紅火的地方，比如賽場。一旦高潮到來，觀眾群起而激奮時，他立刻不失時機地站起來，讓他的名片們來一把「天女散花」。他的名片製作精美，在空中飛舞飄揚，一下引起了人們的高度關注。

借助這個「撒名片」的方法，他賣出了不計其數的汽車。據統計，在他一生中，從他手中出去的汽車有 13001 輛，最高每月銷售記錄竟達 174 輛，平均每天賣出近 6 輛！這些記錄自他退休後，至今無人能破。

看看這個「世界第一」是如何詮釋他的名片銷售的：「很多年前，我發現漫天發名片是一個非常不錯的想法。透過一張小小的名片，我能讓更多人認識我。只要一與人見面，我必然先遞上名片。那一瞬間，我也在想，他拿了我的名片，也許留下，也許扔掉，沒人知道。但也許，他因此知道我是個銷售員，買車就會來找我。這遞名片的行為就好像農民播種，播了種，付出的勞動自然會有所收穫。」

你是個「好農民」嗎？你善於「播種」嗎？用名片來推銷自己是最有效率的工作手段，散播名片，正是在幫自己打通人際網路，最終把自己推向成功。

在一家售樓中心裡，有位張小姐，她也是一個名副其實的名片愛好者。當別的售樓小姐待在辦公室裡，忙碌地接打電話時，孫小姐卻特立獨行，她在自己的名片背面，寫上一行端正的小字：「如果您準備購買或租賃別墅，就來個電話吧！很樂意為您效勞！」

接著，她就拿上這一摞摞特製的名片，跑到一個個高速公路收費處，笑容滿面地給收費人員一筆合理的「勞務費」，用以協商：一旦有奔馳、寶馬之類的豪車經過，麻煩將她的名片遞上前，並轉告車主，「您的過路費，由這位小姐替您付了」。當車主突遭這種「天上掉餡餅」的好事時，多半會很驚訝，然後好奇地打探是哪位小姐，收費員便朝遠處一指，孫小姐正在那笑容可掬地朝車主揮手呢。

雖然那些富貴之人不在乎張小姐的「滴水之恩」，不過也沒任何理由可以拒絕。更重要的是，這種行銷方式會讓他們好奇，甚至欣賞。不僅自己會考慮，茶餘飯後還會在社交圈中聊起來。一傳十，十傳百，這樣一段時間後，找張小姐的電話就越來越多。與其他同事相比，她的銷售業績自然不可同

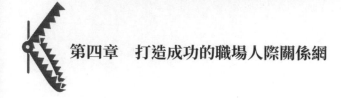

日而語。

　　張小姐的名片製作和遞送方式都很巧妙，她主動進攻的這種小智慧，使得那些潛在客戶心情愉悅地被推銷，這正是名片的一種完美應用。

　　在想方設法散播自己名片的同時，還有一點必須注意：利用別人的名片。

　　每天都有無數張名片在人們的寒暄中遞去送來，不管是你索要的名片還是別人贈送的名片，你都要妥善保存，因為當你正想動用人際關係或搬救兵時，一張名片可能就是一個很重要的線索。而這時，你若翻箱倒櫃遍尋不到，豈不是浪費時間，更錯過了機會？

> **小秘訣**
>
> 經常打開你的名片夾翻一翻，有幾張是重要人物的名片？有幾張讓你過目不忘？再對比一下自己的名片，與競爭對手的區別在哪？別人勝你一籌嗎？
> 你該做的是隨時開動腦筋，在小小的名片上多想點花樣，多做點文章。把你的這位「得力助手」打造得更完美，才能推動你的人際發展進程。

7. 學會傾聽，才有更多人願意向你傾訴

　　很多人的觀念裡總存在這樣一個失誤，認為能說會道才是善於交際的表現，口若懸河、侃侃而談才能在任何場合下吃得開。

　　然而，人際關係專家的研究結果並不支持這種觀點。他們發現，很多時候人際失敗的原因並不在於你在某些場合與某些人少言寡語或措辭有誤，而是你旺盛的表達慾望或事不關己的態度，使自己完全忽視了應該去傾聽別人講話。

　　別人的話還沒說完，你就迫不及待地發表自己的意見；別人正在表達自

己的意圖，你還一知半解就自以為是地妄加評論；別人垂頭喪氣地對你傾吐今天被老闆冤枉的糟糕經歷，你卻聽得眉飛色舞，見縫插針地說你買了件特好看的衣服……會有人真心實意對這樣的人傾訴，與這樣的人深交嗎？

在人際交往中，當越來越多的人都持利己趨向，有效交流越來越少時，善於傾聽就更是一種美德的體現。真誠地傾聽，會讓對方感覺他是被尊重、被信任的，對方也會以真誠的言行舉止來回饋你。

宋魚水是模範法官，審理的案件不計其數，並且深得民心。曾有一起案件，原告是一名老作家，對法律了解並不多，就同一問題反覆論述十幾遍，卻始終不能準確指出法律上爭議的焦點，以至庭審辯論持續了很久。在當事人發言時，宋魚水始終神情專注地耐心傾聽，不時微微點頭，從未在中途不耐煩地打斷過他。最後雙方都表示沒有新觀點要陳述了，宋魚水才開始為他們講解相關法律規定。

先前一直不願庭外調解的老作家，居然當即同意了法庭提出的調解方案。老作家解釋說，出這事後，宋魚水是第一個完完整整聽完他講話的人，所以宋魚水說的話，他信！

傾聽，被視為對一個人尊重的體現，它同時帶來別人對你的信任，這是人際交往中一個良好的開始，在處理事情的過程中，往往造成事半功倍的效果。一個可信的人，別人自然樂意與你交往。

職場中總會有一些人，他們不喜歡去傾聽別人的講話，只關心自己要說的是什麼，這種人往往不能給人留下好印象。很多成功人士表示，他們更喜歡提攜一些善於靜聽而不是為了表現自己滔滔不絕的人。

小林和另外兩名實習生同時給新任的部門經理做助理，兩個月實習期滿後，公司只擇優錄用一名，最終小林被留下。人事主管覺得很奇怪，以他平

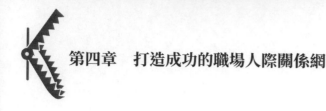

日所見，反而覺得另外兩人工作能力更強，做事風風火火、有模似樣，於是詢問部門經理留下小林的原因。

　　部門經理解釋道：「你觀察的沒錯，他倆能力確實很突出，但他們為了得到這份工作都太刻意展示自己，遇事都爭先恐後提出自己的想法意見，而且行事也高調。我並不需要請一個助理來教導我該怎麼做，他們這樣也不適合協調我跟其他員工的關係。小林雖然看起來沉默寡言，但他總是仔細聽我說的是什麼，要求的是什麼，提問也切中要害，少說話多做事。而且不止對我如此，他對其他員工一視同仁，大家都覺得他很不錯。一個剛畢業的大學生居然能這麼不露鋒芒、踏實穩重，很難得啊。」

　　專注地去聽，能給人謙虛好學的感覺；細心傾聽，能減少出現錯誤的論斷；善於傾聽，以一種無聲的力量令他人關注到你，使你的人脈資源得到更深層次的擴充。

　　如果一位同事心情不好，約你吃飯，想跟你聊聊，你要明白，這一頓飯的工夫，你得始終把自己的注意力集中在傾聽上。每個人都有心理狀態不佳的時候，在別人處於低潮期時，主動接近他、鼓勵他、靜靜聽他傾訴，可以增進兩人的感情。

　　很多時候，人們只是想單純地傾訴，並不奢望你能給予有效的忠告或建議。當我們能站在別人的內心角度去傾聽時，對方心理上便會獲得滿足與溫暖，與此同時，你在對方心裡也會變得更可靠、更有份量。

> **小秘訣**
>
> 傾訴與傾聽是相互關係的兩面。傾聽可以幫助他人緩解心理壓力，放鬆緊張情緒。當人們遇到不如意的事情，心裡憋屈得不吐不快時，如果能有人耐心聽他傾訴，會令他如釋重負，產生感動的情緒。
>
> 別人主動向你傾訴的前提，是你懂得傾聽的藝術。你會發現這樣一個有趣的現象：跟你傾訴的人越多，你得到的人脈也越多。

8.「豪豬理論」不能忘，同事之間需要安全距離

在一個天寒地凍的冬天，一群豪豬為了抵禦寒冷，便擁擠在一起互相取暖。但很快它們就被彼此身上的硬刺扎得生疼，只能無奈地被迫分開。可是凜冽的寒風又促使它們再度相靠取暖，身上的硬刺又一次把它們扎痛。這些豪豬不斷地被這兩種痛苦 —— 寒冷和刺痛所折磨。

經過反覆折騰後，豪豬終於找到了一段恰好能夠忍受對方尖刺，又能取暖的距離。這就是它們互相間的「安全距離」。

哲學家叔本華認為：每個人都有缺點，當同處於一個組織中時，他們彼此之間就會難以忍受，甚至發生一些衝突。即便如此，仍需互相包容，因為大家還要共事。當這種包容消失時，這個組織也將不復存在。只有求同存異，找到適中距離，那麼同事之間才能「既有不時的衝突，又有良好的合作」。因為這個距離的緣故，雖然「相互取暖」的需求無法得到徹底滿足，但彼此不會再受到硬刺的困擾。這就是豪豬理論。

為了度量人與人之間的最佳空間距離，人類學家愛德華‧霍爾綜合人類學、心理學、傳播學，提出了一個空間關係理論，它將人與人之間的距離劃

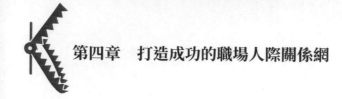

分為：親密距離、個人距離、社交距離和公共距離。並為每種距離規範了一個尺寸範圍標準。

比如在地鐵上、電梯裡、辦公室中等公共場所，人們之間的距離一般保持在一公尺以上。又比如總統會見來賓時，在兩個沙發中間，總會擺上一個茶几，它的作用便是增加距離。這種距離讓彼此之間既能無障礙地交流溝通，又能保障自我心理防護。

心理學家針對「距離」做過這樣一個實驗：在一個只能容納一位讀者的閱覽室座位上，讓一個測試者進去，然後緊挨著在他旁邊坐下。這個實驗如此反覆進行了幾十次。結果表明：無論是同性還是異性，沒有人能忍受一個陌生人「零距離」地靠近自己。大多數人很快會選擇離開，換個位置，也有人直接表示不滿：「你想幹嘛？」

在英國，一旦越線，人們就會對那人大喊：「Keep your distance！」（保持你的距離！）

亞里斯多德曾說：在「理性」與「感性」、「永恆」與「短暫」、「運動」與「靜止」之間都存在「適當的距離」。

我們在人際交往中，往往拿捏不準火候。要麼太遠太冷，顯得生分；要麼太近太熱，彼此傷害。一旦掌握不好最佳距離，必然導致不和諧的結果。

通常情況下，彼此走得太近，那些暴露無遺的性格弱點、不良嗜好，最後會變成「尖刺」傷害對方，致使分道揚鑣；距離太遠，又難以交流溝通、取長補短，結果常常導致越隔越遠，老死不相往來，即使沒被對方「刺」傷，但固步自封，人際關係必然陷入僵持停滯的狀態，這對個人發展極其不利。

我們身上的「尖刺」，是保護自身的利器，也可能變成交往的「刺客」。只有以理性的態度，權衡彼此的角色定位，揚長避短，不斷磨合，既有個人

空間，又與別人產生「交集」，親疏遠近，若即若離，恰到好處。才能保持人際交往中「相互取暖」的最佳安全距離。

　　同事之間，不要無所保留，過分親近。千萬要注意保持距離，就算關係再好，也不要私下議論是非，更不要對主管品頭論足。雖然這往往被當作茶餘飯後的話題，甚至是維繫同事之間感情的紐帶。有些談論縱然有發洩情緒、緩解壓力、釋放自我的作用，但同時也會給自己帶來傷害，甚至無意中傷害別人。好事不出門，壞事傳千里。本來只是附和著發發牢騷，無關痛癢，但是一旦同事之間有了利益衝突，這些話就可能成為你的把柄，讓你苦不堪言。

　　叔本華認為，在人際交往中，有各種各樣行之有效的規則，萬不能將這些遊戲規則視為廢紙一張。只有遵守這些共同的規則，才能變得彬彬有禮、溫和友善，取暖的需要才會得到最大滿足。

　　沒有永遠的朋友，也沒有永遠的敵人。同事相處之道，應該像豪豬那樣，需要一個安全適當的距離，遠離勾心鬥角。

小秘訣

距離產生美，距離提供安全。無論是身體上，還是心靈上，我們都要與他人拉開一點適當距離，這是對彼此的尊重，更是對彼此的保護。

人與人之間的關係錯綜複雜，運用好「豪豬理論」，引發「心理距離效應」，既可以保持親密關係，又可以贏得尊重。

---

9. 能屈能伸才是大丈夫，不必計較一時高低

　　能屈能伸這四個字，誰都知道，道理也都明白。可是，在職場中，有幾

人能瞭然於胸？

又有幾人能運用自如呢？這裡有一個故事，是關於一隻自命不凡的猴子。

有一天，吳王帶著一隊隨從在江上乘船遊玩，突然在兩岸的奇山異峰中，發現了一座風景秀麗的猴山。吳王驚喜萬分，於是下令泊船在山腳下，高高興興地登上了猴山。山上往日那一派寧靜，一下子被這麼多來人給打破了。

猴子們驚慌失措，四處逃竄，紛紛躲藏起來，以求自保。有一隻猴子卻特立獨行，洋洋自得地停留在樹梢上。在吳王面前，它一會兒呲牙咧嘴，一會兒手舞足蹈，滿不在乎地做著怪腔，賣弄著它的靈巧。吳王對此很不滿意，把弓對準了它。可這隻猴子一點不怕，敏捷地一把抓住吳王射過去的箭。這下，吳王可被這隻猴子給惹怒了，命令隨從們一起射殺它。

吳王指著屍體對隨從們說：「你們都要引以為戒，萬不可恃才傲物，在人前賣弄自己那點雕蟲小技。」這隻猴子不懂何謂「能屈能伸」，倚仗自己身手敏捷，不顧場合地與人一爭高下，以至於丟掉了小命。

現實人際交往中，很多人跟這隻猴子差不多，有一點點小本事就開始「搔首弄姿」。他們最後不是弄巧成拙，成了笑話，就是慘敗而歸。真正的英雄，真正智慧的人知道什麼叫深藏不露。

國學大師南懷瑾，曾提出過當將軍有五個先決條件。其中之一就是：像狗一樣的「下賤」。此處的下賤，並非罵人的髒話，而是指大丈夫能伸能屈。

人生不可能一帆風順，難免磕磕碰碰。這些逆勢和磕碰，就是一種「屈」。

忍受屈辱，談何容易？遇到「屈」，很多人便失去了容「屈」之量。但

是，有「屈」就有「伸」。成功不是輕易得來的，要歷經千般萬種的「容」和「忍」。這便是大家所說的職場彈簧法則。

職場就是一根彈簧，越能承受壓力，那你的彈性就越大。也就是說，在職場中，你越能屈，也就越能承擔責任和壓力。如果一個人沒有「屈」的精神，就意味著他也沒有「伸」的空間。失去了這種彈性，性能越來越差，只能遭到淘汰。

一個能屈能伸的人，才能承擔責任和壓力，才具備擁有權力的潛力和機會，如此，關注你的人會更多，你的人際關係網會更廣，成功的機會將更大。

生鐵放在火中燃燒、打造、淬火，這樣經過好幾輪，終於變成了鋼，最後被製成了一把鋒利的劍。一堆灰炭羨慕地對劍說：「人們只要用一個指頭就可以把你捲起來，成為『繞指柔』，但你卻成為了『百煉鋼』，削金斷鐵。你是怎麼辦到的呢？」

劍謙虛地回答：「好劍取自好鋼，好鋼來自生鐵，根基就是生鐵。俗話說『至剛則易折』，只有歷經千錘百煉，才能能屈能伸，變成像我這樣。」

在一次畢業典禮上，比爾‧蓋茲給了畢業生 7 個處事忠告：

① 人生就是不公平的，習慣去接受吧！── 接受不公，就是能「屈」。

② 沒人會在乎你的自尊，這個世界期望你先做出成績，再去強調自己的感受。── 如其自怨自艾，不如忍辱負重，讓自己先拔尖。

③ 你的老師很兇嗎？等有了老闆你就會知道，老闆比老師更兇，而且老闆沒有任期限制。── 如果不能忍受老闆的小脾氣，日後何以做成大事？

④ 如果你在速食店裡煎漢堡，這並不是作踐自己，你的祖父對此有著

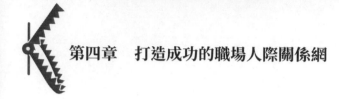

完全不同的看法：這是機會。—— 一時的低迷，一時的受屈，只為等待下一個機會升起。

⑤ 如果你一事無成，絕不是別人的錯。所以，不要只是對錯誤發牢騷，要從錯誤中學習。—— 英雄不會停留在暫時的得失中，而是把逆境當做練兵場。

⑥ 在學校裡，通常是一場考試決勝負，贏家和輸家很快定下。在人生中卻不能言之過早。—— 輸贏看的是「最後」，何必計較一時之高下？

⑦ 電視裡上演的並不是真實的人生。真實的人生是：每個人每天都要離開咖啡廳去上班。—— 現實就是現實，現實就是殘酷的。能「屈」於現實，才能「伸」於現實。

以上這些處事哲理無一不是在告訴我們：別自視甚高，看清現實，目光放遠，能屈才能伸。

小秘訣

被扔進垃圾桶的那份求職簡歷，在你轉身前還在桌上；被隨意用來包裹嚼過口香糖的那張名片，可能是你遞的；被取消的那份厚厚的計劃書，正是你花了幾個通宵完成的......在職場、在人際場上，無數人忍受著同樣的痛苦。你是消沉埋怨，還是能屈能伸？

眼下的委屈、挫折，正是考驗你的「淬火」，能屈能伸，早日翻身做主人才能贏得同事、上司的尊敬。

---

10. 學會討異性喜歡，關係網增加一半

很多人的人際關係網路極其單一，不是全男性，就是全女性，他們紛紛不由自主地把異性排除在門外。並且總是理所當然地認為：同性間更容易打交道。但如果世界上的人按照男女對半分的話，只和同性交往豈不是損失了50% 的人脈？

當你能夠積極地與異性接觸，並討他們喜歡，你的人際關係網將增加一半。

從前有一個懷抱夢想的年輕人，因為沒有工作，經常流離失所，朝不保夕，落魄不堪。他雖然是個很有表演天賦的人，但是從來遇不到機會去施展。

他的一個好朋友提醒他：「你有表演天賦，可是沒有人捧你又有什麼用呢？你需要的是人脈！」

他委屈地回答：「我每天都在盡力多認識一些人。」

「不是多認識人就行的。如果你認識的 100 個人都是一個類型，那麼和認識一個人有什麼區別呢？最重要的一點是：你從沒主動去結交過一個女人！別小看女人，通常異性會更迅捷地帶來機會。」

雖然朋友這麼說，但他只是半信半疑地把話記在心裡。

有一回，他在火車上無意間看到一位非常有氣質的女士。他想到了朋友的忠告，便主動上前與之攀談，他的幽默感討得了女士的喜歡。他沒有想到，他的人生因此發生了變化。

沒過幾天，他意外地接到一家製片廠的邀請電話。原來那天與他攀談的女士，真的不是尋常人物，而是一位響噹噹的製片人！從那天的交談中，她

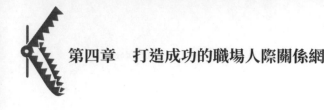
看到了年輕人落魄外表下那呼之欲出的表演天賦。於是，一次討好換來了一次機會。從此以後，他一鳴驚人，成為名噪一時的電影明星。

年輕人之前沒有得到機會，一個重要的原因是他不曾與女士搭訕，就此把一半的機會流失了。人很多時候的慣性就是尋求同性的幫助。但往往實際上，我們最後總是更能得到異性的支持和幫助。這可能就是人們常說的陰陽相合、異性相吸這種心理特質的延伸。

國外有關專家曾認為，男女之間的氣場是可以互相補充的。這種相互關係可能就體現在事業上的互助、智力上的互償、氣質上的互補，甚至精神上的互悅。而那些異性本身也有一個人脈網，所以，一旦你把身邊的異性搞定了，你的人脈就會成倍增長。這些異性包括你的同事、上司或者任何一個陌生人。

李佳是一個初出茅廬的大學生，剛畢業就直奔北京這個大都市。沒有任何社會經驗的她同大多數北漂的年輕人一樣，滿心的理想抱負卻無處施展。

剛到北京的時候，她住在一個四合院裡，租房給她的是一位姓張的大伯，大家叫他張叔。打聽後才知道，她和張叔竟然還是老鄉，因此就覺得分外親切，所以經常會一起嘮嘮嗑，談談家鄉的事。一來二去，就熟識了。李佳是個健談的人，從人生理想到家庭瑣事，無所不聊，總是把張叔說得樂呵呵的。經過深入的接觸，張叔覺得這孩子的確是聰明上進，而且總給人帶來活力和快樂，便對她產生了信任。

一天，李佳接到一個面試電話，竟來自一家很大的外資企業。她非常高興，覺得終於見到曙光了。在辦公室裡，經理從頭到腳打量了張佳一遍，然後笑著說：「久聞大名啊，李佳。」李佳一頭霧水，她一個小人物怎麼在眼前大人物嘴裡就「久聞大名」了呢？她也不敢多問，一肚子問號地接受著面試。

面試結束後，李佳回到四合院，便對張叔提起這件奇怪的事。張叔聽完哈哈大笑，對她解釋說：「傻丫頭，那個張經理是我兒子啊。因為我老在他面前誇你嘛。」

後面的事大家都猜到了吧，在張叔的「美言」下，張經理自然也對李佳產生了信任感。就是這樣一次意外，使得李佳終於開始了在北京的發展大計，從此如魚得水。

有一句話是這樣說的：「你與總統之間只隔著三個人。」這話什麼意思呢？就算你不認識總統，抽絲剝繭下，你的朋友，或者你朋友的朋友，總有一個人能跟總統扯上點關係。就好像李佳透過張叔這個朋友，攀上了張經理這條龍。而且很有意思的是，這個朋友不僅是異性，還是個不起眼的老伯。李佳所做的很簡單，只是討張叔喜歡而已，卻就此打造出了強勢關係網。

小秘訣

職場並非「和尚廟」，也不是「尼姑庵」，如果人際交往僅僅侷限於同性，必然造成「人力資源」的浪費。而且，這也是一種不健康的人際關係狀態。

每個人都應該與身邊的異性同事、異性朋友、異性陌生人友好相處，多接觸，多交流，如此一來，你人際關係網的儲備就將更豐厚。

---

11. 千萬不能得罪的幾種人

在人際交往中，與人產生摩擦或者不愉快是難免的，但最怕的是因此而得罪人，尤其是那些絕對不能得罪的人，否則千年道行一朝喪。輕點的被人冷嘲熱諷一番，嚴重的可能就此飯碗不保，還連帶著被削弱人際網。

所以，在待人接物前要先了解：對方是個什麼類型的人？是不是絕對得

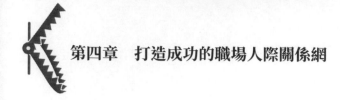

罪不得？只有防微杜漸，才能避免一「失言」成千古恨。

慎重警告，以下幾種人千萬不能得罪：

（1）心胸狹窄的人

這種人的特色就是容不得事，更容不得人，碰到比自己強的人就妒火中燒。那種自我自私的特性決定了：他們不能吃一點點虧，他們心裡只有自己。

人們通常都習慣於崇拜和欣賞強者，而心胸狹窄的人，則覺得強者會妨害自己的地位和利益，自己反成了陪襯品，這是萬萬不能接受的。他們的風格就是壓制別人，想方設法消滅對手。所以與一個心胸狹窄的人打交道，就總感覺被壓得喘不上氣，舉步維艱。

除了忌賢妒能，他們還「心靈脆弱」，不能包容別人的缺點，不能忍受別人對自己無意的冒犯和傷害。一旦你得罪了他們，必然成為打擊報復的對象。他們極度敏感，就像一株小草，一陣微風也能讓他們前俯後仰。很多時候他們的報復只是因為無法釋懷別人不經意的傷害。

與這類人相處，會經常防不勝防，不知道什麼時候一句話、一個舉動就得罪了他們。遇到他們，需要抱持十二分小心才行。而且最好具備這兩種素質：大度的氣量和忍讓的精神。

（2）搬弄是非的人

這類人熱衷於在人後說三道四，經常東家長西家短，油嘴滑舌，無事生非。搬弄是非的人總有一種幸災樂禍、干涉他人隱私的病態心理，他們甚至以挑起事端為己任，讓別人引起分歧和紛爭，從中謀取自己的利益。他們搬弄的是非和傳播的小道消息，往往都是他們自己的主觀臆測，或是添油加醋的產物。

他們通常都很能套近乎，表面上很好說話，一副通情達理的樣子，交往初期還能跟人「哥倆好，感情深」。在短時間內，人緣都還不錯。因此，你一不小心就會把心裡話脫口而出，包括對第三者的褒貶。但是，一旦哪天你得罪了他們，用不了幾天，這些話一下子就會跑遍街頭巷尾。可想而知，你的人際關係便岌岌可危了。

因一時之失，得罪一個搬弄是非的人，結果就會使更多人對你「另眼相待」。

遇到這類人，你同樣要做到兩點：一是「三緘其口」。管住自己的嘴巴，別讓搬弄者有機可乘，別給挑撥者留下把柄，讓他們無處下手。二是「心中坦蕩」。君子坦蕩蕩，小人常戚戚，為自己的目標而活，別中了他們的奸計，保持心理平衡。

（3）心高氣傲的人

這類人憑藉自己的地位、學識等優勢而自視甚高，盛氣凌人。他們中大多數是很優秀的，但是卻不可一世，經常做出極端的事，不是藐視你，就是攻擊你，甚至侮辱你，以顯示自己的「真知灼見」。他們總覺得自己高人一等，別人則都是笨蛋和傻子。在客氣和熱情的背後，你能體察到一種冷冰冰的寒氣，一種拒人於千里之外的距離感。

高傲的人很看重自我形象，忍受不了你對他一點的不尊重。這種情況不是因為自負，就是因為自卑，其實他們是很矛盾的人，特別是那些驕傲但不成功者。他們這種渴望別人認同卻出口傷人的行為，總是會讓你胸悶氣短、顏面無存，甚至懷疑自己的人生。

這類人不能得罪，不是因為他會給你造成嚴重的傷害或者影響到你的人際交往。而是他們中的大多數人都有那麼點才學，從他們身上可以學到一些

意想不到的東西。一旦你和他們成為朋友，他們的傲氣自然煙消雲散，你定會受益匪淺。

（4）深藏不露的人

這類人總是不願輕易讓人了解其心思，沒有人知道他們在想些什麼，沒人知道他們的祕密。他們跟人相處要麼一聲不吭，要麼言談舉止不著邊際，要麼顧左右而言他。他們從不會將自己的弱點暴露出來，當你殷切地希望他們說出隻言片語來時，他們不是裝傻，就是閃爍其詞，給人一種高深莫測的感覺，其實這正是他們偽裝自己的手段。

深藏不露的人往往工於心計，在與人打交道時，他們總是讓自己流離出人群，把自己保護起來，站在高處觀望。你不了解他們，他們卻對你瞭如指掌。職場中那些單純的「小羊羔」很容易成為他們的工具，為其所用。

深藏不露的人是最可怕的，你猜不透他們的想法，不知是敵是友。在他們面前，絕對要謹慎，不能得罪，否則連怎麼死的都不知道。他們甚至可能背景不凡，如果有機會的話，應盡力把他們收進自己的人脈智囊團，他們的助力無可限量。

這四種人是比較典型和多見的。前兩類是必須提防和避而遠之的，後兩種是可以學習和加以利用的。

> **小秘訣**
>
> 職場上的人千千萬萬，種類無數，我們不可能全都分門別類，貼上標籤。在職場中，仔細辨認，慧眼識人。這才是最有效的方法。
>
> 小心駛得萬年船，要想在職場上順坦，其實最好還是「任何人都不得罪」！

12. 和上司相處，雅俗通吃的交際藝術

上司是你的「衣食父母」，他們直接影響你的事業和情緒。你們同是一根繩上的螞蚱。

「搞定」你的上司，與上司和平相處，這點至關重要。

很多職場人士總是覺得自己與上司隔了座山，相處甚難。其實不盡然，只要掌握雅俗通吃的交際藝術，任何人相處起來都很簡單。以下幾條準則，可供你參考自省：

（1）懂得傾聽

傾聽，是一種尊重。當上司滔滔不絕的時候，你要專心聆聽，排除一切使你分心的意念。用眼睛認真地注視著他，而不是埋著頭苦思冥想，同時，做一點記錄。當上司發言完畢，不要著急說話，稍稍思考片刻，真正弄懂上司的意圖，再適時提問或回答。

（2）言簡意賅

簡潔，是一種智慧。直截了當、清晰明了地匯報工作，才是上司中意的工作方式。當你提交一份詳細的報告時，可以在文章前面做一個簡明扼要的內容提要，它可以在較短時間內，使上司明白你報告的全部內容。上司希望你把工作匯報得簡單明瞭，而不是繁瑣。

（3）策略戰術

戰術，是一種謀略。比如上司的決議，不要「直率」地當即提出不同意見，應站在上司的角度看待問題。如果認為其中確有不當之處，要用委婉的提問方式表達你的異議。別怕向上司提供壞消息，只要注意時間、地點、場

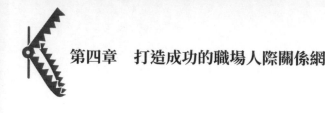

合、方法，講點戰術，一切就能迎刃而解。

（4）盡職盡責

毋庸多言，這是一項基本又基本的職責。一個職員若不能妥善解決自己職責所在的工作和問題，無法完成分內之事，上司必然不會再與你浪費一絲一毫的時間了，準備捲鋪蓋走人吧。

（5）積極工作

如果你仔細觀察，就會發現那些經驗老道的員工，很少會使用「麻煩」「危機」「挫折」等消極詞彙。遇到困難的境況，他們稱之為「挑戰」。然後，積極主動地制訂計劃，並以實際行動迎接困難。

（6）信守諾言

如果你沒兌現你所承諾的工作績效，就不得不令人懷疑你是否值得信任，你是否具備足夠的工作能力。一旦你發現，這項工作自己確實難以勝任，要盡快說明。雖然上司會不快，但是總比到最後引發強烈的不滿要好得多。

（7）關係有度

你必須明白自己的身分和立場，畢竟你與上司的地位迥然不同。不要太生疏冷淡，也不要過度親密，避免捲入彼此的私生活。與上司保持健康的關係，並有創造性、有成效地完成工作，就是上司最想看到的事情。

整體來說，頂頭上司總喜歡自己的下屬是一個有能力、有擔當，又能低調做事的人。不過話說回來，與男上司、女上司兩者的相處藝術是有所區別的。

①與女上司相處之道

出沒在辦公室不要讓人覺得你們像雙胞胎。本身就青春亮麗的下屬，如果穿得跟女上司一樣美輪美奐，或者尷尬「撞衫」的話，這對她是一種變相的「侵權」。記住：搶誰的風頭也不能搶上司的。

不知底細之前，不要自作主張問候她的家人。冒冒失失地上門，好意反而會變成一種侵犯她生活隱私的惡劣行為。許多女上司的生活，比你想像中要更特立獨行，她們拒絕被下屬打擾生活。

不要隨意向她傳授你的養顏竅門，除非她主動諮詢。彼此交換美容心經是女人增進感情的祕訣之一，不過這種方式並不怎麼適用於女上司和女下屬之間。對比你的青春無限，年華已去的女上司十有八九會失去平常心。

人的精力是有限的，別跟她交流柴米油鹽或打毛衣這種持家瑣事的心得，這會引起她的質疑：「你是不是還有半顆心留在家裡？」

當她抱恙在家時，你要貼心地打電話對她噓寒問暖。但大可不必登門慰問，她可不希望把自己「素面朝天」或者「病快快」的形象展現在下屬面前。並且在她生病期間，你要把工作完成得比平時更好。

②與男上司相處之道

萬不可在男上司面前撒嬌，不管他是否喜歡女人小鳥依人，也不管這是不是你的秉性。也許他並不討厭女下屬發個嗲，但在旁人眼裡，你可能居心叵測、另有所圖，由此引起的流言可能會讓別有用心的人利用。而後造成的傷害不是你能輕易承受的，到時悔之晚矣。

不過，在任何場合，對上司展露微笑是聰明的，他會認為你有融洽的相處能力。空閒時，彼此完全可以談談孩子或者「育兒經」。展示好父親的形象，是那些成功男士非常熱衷做的事。無論他是初為人父，還是父經老道，

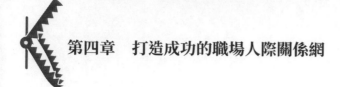

孩子是他一輩子的話題。

　　一旦男上司外出談判或參加重要會議，作為跟隨者的你衣著搭配定要恰如其分。有一個事務性祕書，穿一身色調耀眼的名牌職業女裝陪同談判，讓對方誤以為她是決策者之一，男上司當場尷尬萬分。上司通常十分看重「職業身分」，希望下屬各司其職，低調行事。

　　整潔、得體、大方是職場最佳穿著。在工作環境中，迷你裙、低胸衣、誇張的飾物、濃妝豔抹，或在工作時經常補妝，這些不僅妨礙工作，還影響上司對你的印象。

小秘訣

一旦你掌握了與上司的相處藝術，一切其他的交際藝術都能觸類旁通。
與上司交際並沒有想像中那麼難，只要細心、留心、用心，這門藝術不需要其他更多的天賦了。記住那些注意事項，掌握那些重點，你的人際交往能力必然更上一層樓。

---

13. 必須知道的十大職場賽局心理術

　　不管是和同事相處還是和老闆賽局，在職場中，我們都要配備一些讓自己不被淘汰的座右銘。以下十條僅供參考：

（1）脫離群眾，只能自討苦吃

　　有些人活在自己規劃出來的舒適區裡，不願被干擾，不願和陌生人交流，不願主動聯繫別人，不願去思考別人需要些什麼。如果不改變這種「自我」的狀態，那麼你在老闆眼裡就是那隻不合群的鴿子，你也很快就會被壓力搞得精神崩潰。

一旦你脫離群眾，群眾也會脫離你。與其獨守空房，不如融入團隊。如果你能比其他同事更好地處理與同事、老闆、客戶之間的關係，你就能馬上脫穎而出。

（2）儘量把話說得「言之鑿鑿」

「大概是今天吧」「也許客戶後天會來拜訪」「我應該可以完成」「好像他是說⋯⋯」不確定、似是而非的答案等於沒有回答，這些言辭會讓老闆心生厭煩，同時，也會暴露你的性格弱點或工作缺點：其一，事前沒有仔細研究這項工作，或者一直在拖延；其二，沒有責任心，認為這些無關緊要，你在應付上級；其三，不敢說真話，你答應了自己做不到的事情；其四，你完全無法獨立工作。

（3）言出立行，時間是在徘徊中消逝的

工作中勿要前怕狼後怕虎，當你不知如何實施、猶豫不決的時候，你的老闆早已不耐煩。如果你總是習慣於把事情從頭到尾全都想好了才開始第一步，這在老闆眼裡，是拖延工作的表現。全盤考慮是老闆要做的事情，先把自己的工作幹起來吧。

老闆希望你說到立刻就能做到，不要在工作上「想」太多時間，如果實在沒有把握，一籌莫展，就趕緊求助。無休無止的「徘徊」只是浪費時間，不僅增添更大的壓力，還把餘下的時間也耗完了。

（4）理論不代表實際

不要奢望一切事情都會照著你的計劃完美進行，等到真正實施的時候，你往往會發現計劃趕不上變化。「計劃書看上去很完美」其實只是「紙上談兵」而已，老闆看重的是你辦實事的能力，而不是空談。

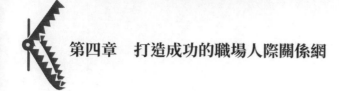

工作上，最重要的是實際成效，即使你把話說得再漂亮，落實結果卻不盡人意、沒想像中那麼完美的話，理論就沒有存在的必要了。

（5）細節決定成敗

做事粗枝大葉、毛裡毛糙、不注重細節的人，終究難成大器。在職場中，你有時並不需要以做到那些「難如上青天」的事情來突顯自己。如果你能把工作中的簡單小事做細、做周到，不僅老闆會看到你「認真工作的態度」，而且在做事的細節中或許也能找到「上升的機會」，你將更有資本走上成功之路。

（6）把消極的事做得積極

可能你的工作並非是你喜歡的，覺得枯燥乏味，總想找個辦法應付過去。但是，別妄想著去尋找一份更有趣的職業，因為世上不存在那樣的工作。沒有任何一種職業是「絕對開心」的，「創造價值」本身就是一件痛苦的事。

你的老闆絕對不想看到你面對工作悶悶不樂的表情。學會喜歡自己的工作，並把注意力放在「我學到了什麼」上。讓自己的內心去決定「如何快樂工作」，而不要受制於工作本身。

（7）靠自己提高技能

一些職場新人剛開始工作，什麼都不會，卻還自以為這是正常的，這是新人的「權利」，以為只要公司稍微培訓一下、老師傅再帶一下，就全會了。如果你還像個一無所知的學生一樣等著別人來教導你，施捨你知識，那實在太幼稚，職場不是學校，別人沒有義務去照顧你，你會為你的天真付出更多的時間和代價。

只有自主地把心思放在觀察和思考上，找到問題的關鍵所在，然後透過實踐得到的知識才是真正屬於自己的。

（8）勇敢承擔責任

當老闆給你下達的任務被一些其他的事耽擱而遭責問時，你總會不由自主地尋找藉口推卸責任，推卸責任其實就是害怕承擔責任的一種條件反射。

一旦推卸，往往總是會用到一些無力的辯解，和一些粗製濫造的藉口，以客觀情況下其他事物的影響，來強調自己的無責任。然而，這些言辭會讓老闆認為你不是沒有能力就是沒有責任心，從而懷疑你對公司的忠誠。一旦失去老闆的信任，你在公司的前途將漆黑一片。

（9）團結友愛，讓大家都喝上水

「一個和尚挑水喝，兩個和尚抬水喝，三個和尚沒水喝。」這是職場中勾心鬥角、爾虞我詐、推諉責任的根本原因。但是事實上，合作關係變成敵我關係後，只會讓問題更嚴重，最後結果，就是所有人都「沒水喝」。

要避免這種辦公室「政治」引起的精神內耗，只有明確分工，團結協作，把目光放得更長遠，工作效益好了，老闆滿意了，員工才能獲益。只有去鑿出一口水井，才能讓戰友們都有水喝。

（10）不要落於人後，沒人等你

工作中，沒有人會放下手頭的事來耐心等你，如果這樣，你只會丟失潛在的合作夥伴，並且讓老闆認為你完全沒有能力勝任工作。所以不管你做任何一個工作，都不要被拋在後面，要去注意別人的進度，妥善安排時間。

公司就像一個大機器，如果其他人的工作完成了，而你的工作卻不能按時完成，那麼比你有效率的那個人就會被派來替換你。久而久之，所有人都

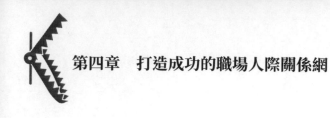

會發現你的工作完全可以由其他人來頂替，整臺機器中可以不需要你這顆螺絲釘了。很不幸，此時你已然失去利用價值了。

> **小秘訣**
>
> 很多人總想握有一本「葵花寶典」，可以無往而不勝，打遍職場無敵手。其實，真正的職場賽局，是自己跟自己的心理賽局。真正能打敗自己的也正是你自己。

第五章
盡情釋放你的創造力

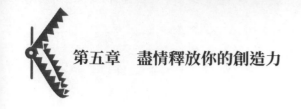
1. 問自己：除了本職工作，我還會什麼

　　你確實工作努力，盡職盡責，跟同事、老闆也相處融洽，有上進心，更有責任心，那為什麼還是成績平平，埋頭苦幹多年卻只能眼睜睜看著別人功成名就？這當然不會沒有原由，問一下你自己：除了本職工作，我還會什麼呢？

　　古羅馬皇帝哈德良，曾經就碰到過這樣一個「為什麼不提拔我」的問題。他手下有一位長年跟隨自己東征西戰的將軍，完全算是元老級人物了。這位一直暗自覺得應該得到提升的將軍，有一次，終於忍不住在哈德良面前提到了這件事。

　　「憑我的資歷，應該擔當更重要的領導職務，」他自信地說，「我經驗豐富，在 10 次重要戰役中浴血奮戰過。」在判別人才這一點上，哈德良皇帝可謂非常高明。他清楚這位將軍在這 10 次戰役中從沒創造過特別卓越的戰績，於是他指著拴在圍欄邊的戰驢說：「親愛的將軍，看看那些『勞苦功高』的驢子吧，參加過的戰役至少比你多 10 次。即便如此，可它們還是驢子。」

　　職場如戰場，沒有人在意你的苦勞，只看功勞。經驗和資歷固然重要，但並非衡量能力的第一標準。有些人十年的工作經驗，只不過是重複十次的一年經驗而已。年復一年地重複工作，固然能熟能生巧。但可怕的是，這種重複必然阻礙心智的成長，扼殺創造力。

　　創造力是人與生俱來的，但卻由於這種重複或其他因素，而不一定能夠持久保有。據科學研究，五歲兒童 90% 都富有創造力，而成年人，只有寥寥 2% 而已。這個結果令人太過灰心喪氣，因為在當今競爭如此激烈的社會中，如果缺乏創造力，墨守成規，最終只能面臨著淘汰的危險。

微軟全球副總裁張亞勤在赴美留學期間，曾親身經歷過一個體現中西差異的小故事。1985 年，他以滿分的成績透過博士生入學考試後，下一步面臨的就是如何選擇論文題目了，他按照在中國的常規思想，跑去嚮導師求教。

「老師，您認為我的博士論文該立個什麼題目？」

那位導師聽了很奇怪，反問道：「這個問題不是應該我問你的嗎？」

張亞勤頗感意外，一時間愣住了。在中國，大致的論文範圍通常是由導師先行給學生劃定的。在美國則不同，學生都是自己找研究課題，導師的任務只是最後協助一下，提一些建議。張亞勤很快意識到這就是「開放」與「計劃」教育的區別，而具有創造性的開放學習方式更能產生學習動力和積極性。早在 1970 年代，美國大學裡就普遍開設了創造性思維訓練課程。

同樣，釋放自己的創造力開放地有想像力地工作，也更能使人產生工作興趣，更能提高工作的效率，擴展工作的創造性。

資源缺稀的日本就是一個重視創造力的榜樣。1982 年，日本在國策審議中提出了「開發日本人的創造力，是日本通向 21 世紀的支柱」的決策，把開發國民創造力上升到國家策略高度，作為一項基本國策來執行。

如何突破工作的祕密就在於開發創造力。正如畫家創作藝術品，可供選擇的基礎顏色永遠只是那單一的幾種，畫面不過是線條和點的組合，元素也是大同小異，但是只要畫家具有創造力，就能使一幅作品具有無限的藝術價值。

羅伯特‧A‧威沃爾在《企業的根本策略》一書中寫道：「企業的策略研究，必須把創造力放在首位，這樣企業才會有生命力。」現在，很多老闆越來越清楚這個道理，他們在應徵員工的時候，往往會更細心留意應徵者的創造能力。

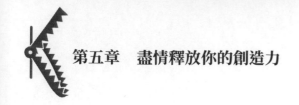

美國《財富》雜誌上也提到，一家公司除了要有良好的管理制度、產品品格和財務狀況外，另外有一種要素必不可少，即創造精神。創造型人才對新思想、變化、風險乃至失敗都抱積極態度的這種行為方式，滲透於公司的方方面面，如此公司才能永遠前進。

諾貝爾獎得主李政道說過：「培養人才最重要的是創造能力。」我們不能不承認，人才已然與創造力掛鉤。

在這個日新月異的時代，如果你不想成為一個幾十年如一日的「將軍」，不想默默無聞做一輩子的「戰驢」，那麼只有發揮你的潛能，釋放你的創造力，成為受大公司、大企業青睞的創造型人才。如果你始終無法盡情釋放你的創造力，你最大限度只能在一個平凡的職位上做一個毫無建樹的平凡小職員。

> **小秘訣**
>
> 老闆可以命令「一個人用一雙手」按部就班地完成工作。但是，卻無法命令「一個人的大腦」產生績效、產生創意。因為，知識和能力的再創造，並不是被動地產生於外界命令中。
>
> 然而，你的老闆並不只需要一雙勞動的手，而更需要一個自主創造的大腦！

2. 常規，有時是個大陷阱

很多職場人士，經常會因為工作中一個過錯而悔恨不已，或者為了一個難解之題而抓破頭皮。其實他們往往是中了自己設下的陷阱。

有一條很聰明的魚，但是在很小的時候，它就身陷「囹圄」。因為它長得小巧玲瓏，又很美麗，捕獲它的人就把它作為禮物送給了一個小女孩。

從此，它被放到了一個玻璃魚缸裡。雖然每天衣食無憂，無災無險，但沒游幾步就會碰到魚缸的玻璃，這一點，讓它心裡有一種不愉快的感覺。隨著時間的過去，魚越長越大，以前的小魚缸已經不能讓它輕鬆地轉身了。小女孩便給它換了個更大的魚缸，它的空間終於變寬敞些了。可是每次一不小心撞到魚缸玻璃，它舒暢的心情還是會重新黯淡下來。

終於有一天，它厭倦了這種原地轉圈的乏味生活，便索性一動不動地懸浮在水中，不游也不吃，以示抗議。善良的小女孩見它那麼可憐，就把它放生回了大海。

獲得自由的魚在海中不停地游來游去，心中卻怎麼也快樂不起來。一天，另一條海裡的魚看見它神情沮喪，便問它：「你怎麼好像有點悶悶不樂啊？」魚嘆了口氣，無奈地說：「啊，這次這個魚缸太大了，我怎麼游也沒法到達它的邊！」

魚受制於它的思維模式，而最終無法擺脫。如果不能打碎心中那個玻璃框框，就算給它一片大海，那也只是一個更大的魚缸而已。

大家通常都認為，拿破崙的失敗，源自於滑鐵盧戰役的慘敗，其實不盡然，這個偉大的策略家最後卻是敗在一枚棋子上的。

在滑鐵盧戰役失敗之後，拿破崙被終身流放到聖赫勒拿島。之後，在這個孤島上，這位赫赫有名的囚犯一直過著十分寂寞潦倒的生活，直至最後死去。其實，在這期間，還有一段小插曲。拿破崙的一位密友，曾經偷偷送給他一副精製的象棋。孤寂中的拿破崙對那副珍貴的象棋愛不釋手，常常獨自一人默默地對弈，無可奈何地依靠象棋這個小玩意，打發著孤獨的漫漫歲月。

在拿破崙死後，這副特別的象棋多次被高價轉手拍賣。有一天，一位象

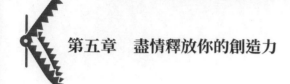

棋的新持有者無意中發現，象棋中有一枚棋子的底部是活動的，可以轉開。當這顆棋子的底部被打開後，這個人不禁驚呆了，裡面另有乾坤：竟是密密麻麻的一堆文字，內容是一份如何從聖赫勒拿島逃生的詳細計劃！很可惜，朋友的良苦用心和象棋中的奧祕，拿破崙這位聰明人並沒有領悟到。

拿破崙在拿到象棋時，沒有去多想一想：在困難中，好友贈予的一副棋子有可能並非簡單的棋子！如果他能用當年南征北戰時那種兵不厭詐的創造思維去思考一下象棋可能蘊藏的其它功能，也不至於落得孤獨終老的下場。

其實，拿破崙正是死在自己常規思維的陷阱裡。一個人最應該害怕的不是別人對你耍陰謀、使狠招，也不是老闆刁難，而是掉進自己挖的思維陷阱中。

在一次籃球賽上，A 隊和 B 隊戰況激烈。在臨終場還剩 8 秒時，A 隊以 2 分優勢領先，雖說這個比分已勝券穩操，但這次比賽採用的是循環制，A 隊必須用剩下的 8 秒鐘再贏 3 分才能取勝，這確實有點「難如登天」。

在這個關鍵時刻，A 隊教練突然要求暫停。賽場上大多數人對此付之一笑，認為這個比分已成定局，被淘汰在所難免，教練即使有回天之術，也難以力挽狂瀾。

很快，暫停結束，比賽繼續進行。這時，意想不到的事發生了：只見 A 隊一位球員突然一個轉身，運球向自家籃下跑去，並以迅雷不及掩耳之勢，起跳投籃，球「嗖」的一聲入籃。這時，全場觀眾還沒回過神來，比賽結束鈴聲響了。

但是，還沒結束呢。當裁判宣布雙方打平，進入加時賽時，大家恍然大悟。A 隊這一置之死地而後生的舉動，正是為自己創造了一次起死回生的機會。加時賽結果：A 隊如願以償贏了 6 分。

一般情況下，按常規辦事也許並不會錯。但是，當常規已經不適合新變化、新情況時，它就成了一個阻礙你前行的大陷阱。這時，你就應打破常規，發揮創造力，另闢蹊徑。只有這樣，才能化弊為利，化腐朽為神奇，在絕境裡找到希望，創造出新的勃勃生機，獲得意料之外的成功。

小秘訣

世界上眾多的成功人士相互間的共同之處往往並不多。他們不僅存在著性別、種族和年齡上的硬性差異，還各有其與眾不同的處事哲理和人生態度。儘管這些優秀的人們彼此之間大相逕庭，千人千面，卻有一處共同點，那就是：在做任何一件事之前，總要先在思維上打破一切「傳統智慧」的陳規戒律。

---

3. 任何事都有解決的辦法，只是你沒有想到

遇到難事，別總是先急著說「做不到」「完成這件事是不可能的」「我沒有解決方法」……任何事情都有解決的好方法，只是你自己還沒有想到罷了。在一家公司的應徵現場，眾多專業人士、精英人才彙集於此，他們大多數人對應徵的職位都志在必得。然而，世事不可能盡如人意。令人大跌眼鏡的是，這些自恃才高八斗的精英，幾乎同時被兩道怪題給難住了。每個人拿到試卷都倒吸一口涼氣，考場上一片唏噓聲，有的應徵者甚至認為這家公司的老闆出於嫉妒在故意捉弄他們，因為老闆文憑不高，自學成才。其實，這套特別的試卷上只列著兩道算術題，而這兩道讓眾人傻眼的考題就寥寥幾個數字而已：「18+81=（ ）6」和「6×6=1（ ）」。看似如此簡單的兩道算術題，卻算倒了這批博學多才的應徵者。任憑他們如何絞盡腦汁，想盡一切辦法，

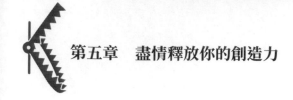

最後得到的結論始終是：無解。

考場內所有人要麼羞愧，要麼不服，都只能交上一份空白的考卷。此時，老闆笑吟吟地登場了。

他並沒有立刻給出答案，而是先給大家講起了公司發展中曾經化解的一次危機：「大家也許不知道，幾年前，有很長一段時間，同行競爭異常激烈，導致公司產品大量囤積，危機重重。雖然為了幫助公司早日擺脫困境，全體員工都同舟共濟，費盡心機，但銷量始終不見長，大家全都有點意志消沉了。這時，一個年輕員工，突然跑來給我提了個建議：現在產品的價格已降到史上最低點，公司不妨理智地暫停生產，拿出流動資金的一半，用來購買同類產品。只要這個行業不消失，總有一天，這類產品的價格會回升到本身價值之上。年輕人的話點撥了我，以前在我腦子裡只盤旋著一個想法，那就是『如何尋找銷路』，幾乎成了慣性思維。現在把思路倒過來，先考慮一下買進，的確是個不一般的主意！」

老闆聲情並茂，繼續道：「於是，公司用一半的生產資金收購了市場上大批同類產品，另一半資金則維持生存。果然，半年後，產品價格大幅增長，而且遠超以前的市場價格，公司幸運地從中獲得了極其豐厚的利潤。」

老闆說完後，拿起桌上一張試卷，笑著說：「至於這兩道題，我確實沒有捉弄大家。請各位把試卷倒過來，再重新看一遍吧。」

眾人把試卷顛倒過來，剛才無解的考題就變成了：「9（ ）=18+81」和「（ ）1=9×9」。

應徵者們恍然大悟，這道無解之題瞬間連小學生也能算出來：兩個括號中的答案，不就是「9」和「8」嘛！

最後，這位老闆意味深長地說：「我們需要的並不是顯而易見的答案，而

是在無解中得到解。商業競爭，總是隨時隨地不停地給出看似無解的難題。因此，對於人才，我們更需要那種能在無解中找到答案的人。」

是真的無解，還是你無能力解？其實，職場中那些看似比登天還難的大問題，只要把問題倒過來，換個思路，發揮一下想像力和創造力，答案馬上便一目瞭然了。

我們再講一個關於做題的故事。德國偉大的數學家高斯，在小時候就是一個勤於動腦和善於發散思維的聰明孩子。

在他上小學時，班裡有一幫孩子特別淘氣，老師就想治一治他們，便出了一道繁瑣的數學題：從 1 ＋ 2 ＋ 3……一直加到 100 為止。老師心想，這道題足夠這些孩子算上老半天的，他也能偷得浮生半日閒。

誰知，出乎老師的意外。剛過了沒一會兒，小高斯就舉起了小手，宣稱他完成了。老師半信半疑地一看答案：5050。完全正確，老師對此驚訝不已，忙問小高斯是如何這麼快算出答案的。

小高斯認真地回答：「我沒有從開始一直加到末尾，而是先把 1 和 100 相加，結果是 101，再把 2 和 99 相加，也是 101，最後的 50 和 51 相加，同樣是 101。這樣，不就有 50 個 101 了嘛，結果當然是 5050 了。」小高斯的靈活和聰明當即受到了老師的高度表揚。

用一個聰明辦法既然可以把一件事辦得又好又快，那為什麼還要沿用笨辦法呢？很多職場人士的通病就是：只知按部就班地工作，只知抱怨沒有好的解決方法，卻從不去「思考」，從不去「創新」，辦法不是坐等你發現的，而是需要自己探索的。

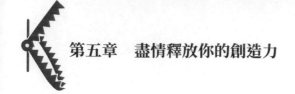

小秘訣

老闆今天又交給你一個難題？今天的辦事效率有點差？那個客戶太難搞定？
這個提案太難執行了吧？......遇到問題怨天尤人，或者消極頹喪，這是失敗
者的一貫作風。

多看看事物的反面，多從幾個角度考慮問題，多點簡單少點繁瑣。只要發揮
你的創造力，任何事情都有解決的好方法，「百思」就能得其解。

---

4. 從頭開始，不是失敗者的專利

　　一件事情搞砸了，一份工作失去了，這對於失敗者而言，意味著不得不
從頭開始，之前的一切努力全都白費了。那些意志消沉的失敗者有可能就此
一蹶不振，自甘墮落。他們的內心深處總是認為：我只能從頭開始，因為我
是失敗者！

　　但是，聰明人會告訴你：有失才有得。放下手頭的「爛攤子」，從頭開
始，才能「重新開始」，創造機會改變人生。從頭開始不是失敗者的「專利」。

　　賈伯斯，這位蘋果電腦公司和皮克斯動畫公司的執行長，曾在史丹佛大
學做過一次關於人生體驗的演講。這次演講在後來很長一段時間裡為人們所
津津樂道。不僅是史丹佛大學的學生和矽谷的技術同行，甚至在整個 IT 業，
都反響巨大。他講了這樣一個關於「從頭開始」的傳奇：

　　20 歲時，賈伯斯在父母的車庫裡和朋友沃茲一起創辦了蘋果公司。他們
幹得很出色，十年後，從車庫裡發展起來的蘋果公司，一下子成為了一家擁
有 20 億元資產和四千餘名員工的大企業。轉折就發生在第 9 年，也就是賈
伯斯剛滿 30 歲的時候。那時一切都顯得很美好，他們也剛推出了一項最新

最好的產品。可後來，很不幸，他被解僱了。

　　一個創業者怎麼會被自己開的公司解僱呢？原來，隨著蘋果公司越來越壯大，賈伯斯親自聘請了一位才華卓越的人與他共同管理公司。剛開始，大家相處和睦，一切都很順利。可是不久後，在針對公司前景的問題上，倆人出現了嚴重分歧，以致最後反目，分道揚鑣。而董事會則站在了新管理者那邊。原本在 30 歲那年應該功成名就的賈伯斯就這樣失業了。這件事，一時間鬧得沸沸揚揚。

　　失去整個生活重心的賈伯斯一下子心力交瘁。一連幾個月，都不知道該如何是好。他羞愧於自己給老一輩的創業者丟了臉，因為他把交到自己手中的接力棒弄丟了。同時，他去見了惠普公司的大衛·普克德和英特爾公司的鮑勃·諾伊斯，為這件「亂七八糟」的公務事向他們致歉。這次摔的一大跤使賈伯斯心生退意，想逃離矽谷。

　　雖然被拒之門外，但是，漸漸地，賈伯斯發現自己仍然深深熱愛著過去所從事的一切工作。不管發生任何事，這一點沒有受到絲毫影響。於是，不甘失敗的賈伯斯決定 —— 從頭開始！

　　當時的賈伯斯並沒有意識到，被蘋果公司炒魷魚這個打擊，最後反而成了他人生中最好的一件「美事」。

　　儘管前途未卜，但「保持成功」的沉重感被「從頭開始」的輕鬆感所取代了。出人意料的，賈伯斯進入了他人生中最具創造力的一段時期。此後五年裡，他發揮奇思妙想，創辦了一家名叫 NeXT 的公司和收購一家叫皮克斯的公司，與此同時，還愛上了一位非同尋常的女人，並建立了美滿家庭。那部享譽全球的電腦動畫片《玩具總動員》就是 NeXT 和皮克斯公司推出的，它們也因此成為全球最成功的動畫製作室。

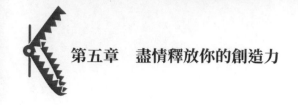

因果循環，蘋果公司買下 NeXT 後，王者歸來，賈伯斯重新回到了蘋果公司，並且 NeXT 公司的開發技術成了蘋果公司再度崛起的核心。

愛迪生曾經說過：「如果我們做出所有我們能做的事情，我們毫無疑問地會使自己大吃一驚。」真正的成功者，就是在失敗中贏得勝利。很多人並不能夠像賈伯斯那樣放下曾經的成功，而去毅然選擇重新開始，更多人選擇的是活在過去。

當一對戀人戀情告急，即使一方請求「讓我們重新開始吧」，但這份感情很可能最終難以挽回。但事業與愛情不一樣，不到生命的最後一刻，它都不會是「絕對失敗」，你仍然可以重新開始，創造奇蹟。

突破工作的侷限，需要的正是「重新開始」，它是一種創造力，越「新」越有活力，越「新」越有成就。從頭開始，絕對不是一個代表失敗的句號。

小秘訣

職場中，大多數人的失誤就是：你一旦一敗塗地了，一旦走投無路了，只能「被迫」從頭開始。當一個人嘴裡說著「我要從頭開始」的時候，無一不是一副很無奈、很悲壯的樣子。他們沒有把「從頭開始」作為一種新生，一種創造，一種機會。

不管你的事業處於低谷還是裹足不前，都不要忘了「從頭開始」這個祕訣，它會讓你大吃一驚。

---

5. 聰明人的「勇嘆調」

聰明人和愚昧者的最大區別是什麼？愚昧的人總是墨守成規，固步自封，不敢跨越雷池半步，覺得現有的就是最好的，未知的都是危險的。而聰

明人具備勇氣，敢於創新，敢於突破，敢於挖掘事物的與眾不同。

從前，有個國王特別喜歡研究數學，總喜歡提出奇奇怪怪的問題去考驗大臣們。

一天，他在御花園裡閒庭慢步，當路過一個荷花池的時候，突然想到一個考題，他一本正經地向陪同的幾位大臣說：「你們算算，這池裡的水能裝幾桶水啊？」大臣們一聽頓時傻眼了，額頭上直冒冷汗，全都一聲不吭，心裡想：這得裝了才能知道吧？

國王不高興了，便下旨：「就三天時間！你們全都給我用心思考。答不上來重重責罰！」大臣們竊竊私語，認為這個考題實在太偏了，其中一個人小心翼翼地對國王說：「我們的特長是幫您處理國事，而不是算數學……」

「如果連這種問題都解絕不了，何談國家大事！」國王不滿地打斷了這個大臣。

這件事情很快傳遍了全國。三天過去了，大臣們絞盡腦汁，仍束手無策。此時，一個小男孩來到皇宮前，聲稱自己知道答案。

於是，那些惶恐不安的大臣把這個小男孩帶到了國王跟前。國王看了看男孩，然後下令：「帶他去看池塘吧。」

小男孩卻搖了搖頭，笑道：「不必了，我不用看池塘就知道答案！」

國王饒有興趣地問道：「哦？那你給大家解答一下吧。」

男孩背起手，像個大人一樣說道：「其實很簡單。水的桶數，取決於那是怎樣的一個桶。這就是答案。」大臣們面面相覷，不明白這個小男孩葫蘆裡賣的什麼藥。

小男孩頓了頓，繼續解釋：「如果您給我的量桶和那個水池一樣大，那裝一池水不就只需一個桶嗎？量桶如果只是水池一半大的話，那就是兩桶水；

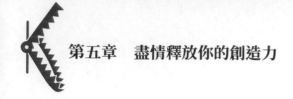

如果是三分之一大，那就有三桶水……以此類推。」

「哈哈，你說得太對了！」大臣們恍然大悟。

這麼「簡單」一個問題，為什麼這些大臣一個個都百思不得其解呢？

原因只有一個——他們全被自己的思維定式「綁架」了，按照套路，按照模式去解決問題，不敢去創造一條具有突破性的新思路。而事實上，只要，撇開那些水量，換一個角度，從量器上著手，一切就豁然開朗了。

跳出思維迷宮的限制，進行非常規思維，是需要一點勇氣的。很多人做事總愛自己嚇唬自己，熱衷於把事情複雜化、把難度深層化，總認為那些難題都是連環套，一環接著一環。「世上沒有那麼簡單的事」，這是最先出現在他們腦子裡的。他們不敢去打破腦袋裡那套約定俗成的「規矩」。

事情還沒開始，就輸在了起跑線上。對於他們，最欠缺的也許不是創新的潛能，而是創新的意識和勇氣。

物體為什麼會燃燒？如今，這個答案几乎無人不知無人不曉。但早在 18 世紀時，這卻始終是個謎。當然那時的權威人士絕對是有解答的，那就是所謂的「燃素說」。這個學說認為，那些能燃燒的物體，本身就含有一種名叫「燃素」的特殊物質，正是這種物質使物體燃燒起來的。

1774 年，在英國有位科學家，叫普列斯特列。一天，他在實驗室做實驗，正好需要給氧化汞加熱，實驗過程中他意外發現，從氧化汞中分解出了一種純粹氣體，這種氣體竟能使物體燃燒。這是一種什麼氣體呢？從「燃素說」的常識出發，普列斯特列按常規思維，把它命名為「失燃素氣體」。

不久，普列斯特列遊學到法國，化學家拉瓦錫盛情接待了他。當拉瓦錫得知那個「失燃素氣體」的實驗後，立刻來了興趣，他重新做了一遍那個實驗，得到了那種新氣體。但是拉瓦錫並沒有就此結束，盲從於權威。

透過反覆考量和研究，他建立了全新的燃燒氧化理論，第一次把這種新氣體命名為「氧」。在化學史上，這是一次偉大的革新。這種改革正是源於拉瓦錫敢於探索和發現，敢於從「常識」頭上跨過，敢於推倒權威理論。

BP 中國公司化工副總裁易珉曾說過：「應對日益複雜的企業和市場的挑戰，我們唯一能夠勝算的地方就是開放式地學習，打破常規傳統地學習，打破地域地學習，打破語言和文化界限地學習。」顯然，推陳出新是一切進步的法門。

> **小秘訣**
>
> 如果老闆正翹首以盼你來個思想飛躍，你卻循規蹈矩地摸爬滾打，畏首畏尾地說著「之乎者也」，那麼就別怪老闆不講情面，跟你 Game over 了！
>
> 那些侷限你創造力的一切，都該勇於打破。如果你是職場上的聰明人，就應該唱出自己職業生涯的「勇嘆調」。

6. 如何培養出「老闆的創新思維」

與其一個人使勁兒鑽牛角尖，猜測、苦想老闆的真實意圖，被動迎合、討好老闆，還不如自己培養出老闆那套創新思維。如此，不僅工作上事半功倍，而且將終身受益匪淺。

有了老闆的思想，說不定哪天你就成了老闆。勇敢一試吧！

（1）一有奇思妙想，立刻記錄下來

人在工作、吃飯、走路、看書等過程中，通常都會閃現出一些靈感的火花，很多人從不立刻去抓住它，往往最後都錯過和遺忘了。這些人往往認為日常裡那些想法，不過是荒誕、不切實際的妄想。然而，在創新思維裡，不

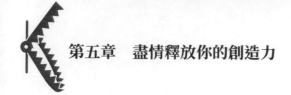

存在「不可能」這三個字。那些看似怪誕、不成熟的想法，其實更能激發你的創新意識。你怎麼就能確定當初你丟失的一個想法不會是日後成功的一把鑰匙呢？

　　如果你能及時把這些奇思妙想記錄下來，那麼日後一旦你思維上「窮途末路」，也能從中得到靈感和啟發。動筆，記錄，只是一件簡單的事，何樂而不為呢？

（2）勤問自己

　　為什麼如果你不能對微小事物抱有好奇和懷疑態度，總認為一切都是理所當然的，那你就很難發現老闆發現的那些小創意，也就很難冒出具有創見性的想法。

　　成功者總是善於透過表面現象，去發現事物潛在的東西，在他們眼裡，任何事情都不是「水到渠成」的，其中必有「隱情」。所以，不要小瞧那些不知所謂、有欠理智的問題，你只是沒看見那點點火花，沒有注意到它們潛在的價值。愛因斯坦曾深有體會地說：「我沒有什麼特殊才能，不過是喜歡刨根問底罷了。」等你升級為「十萬個為什麼」之後，你就會知道「問號」給你人生帶來的驚喜。

（3）想法說出來了才是創意

　　一旦你有了想法，甭管是奇思妙想，還是胡思亂想，都應當積極表達出來。

　　一個人一生中的想法無以計數，但真正被說出口的卻寥寥無幾。每個人的腦袋裡都有一部自我審查機，那些離奇的想法往往會被當成「蒼蠅」，遭到它盡職盡力地驅趕。其實，這部審查機有時很「眼盲」，它所認為的「蒼蠅」

很多時候是「蝴蝶」。而當你的內心失去了全部的「蝴蝶」，那麼你只會墨守成規，創造力也將逐漸消磨殆盡。

把你那些非比尋常的奇特想法通通從腦袋裡趕出來，讓他們得見天日，使他們免於半途夭折。如此，你會發現它們真正的價值。

（4）永遠渴望改進現狀

如果一個人對眼前的事物和現狀太過心滿意足，那他就不會有創新的念頭。一旦失去樂觀向前的憧憬和不斷追求的熱情，創造力將難以盡情發揮。

聰明人、管理者、發明家……這些成功人士，他們做任何事總希望找到更好、更簡便的方法。他們不滿足於現狀，他們時刻心存改進現狀的願望。

（5）換一種新的思考模式

想要脫離困境，呆板使用以往那種循規蹈矩的方法是行不通的。你需要的是全新的思考方式。不同的人總會用不同的方式去分析、思考問題，不同的思考模式往往決定了不同的發展方向。

你會看到，有時候老闆的一個怪招能使公司瞬間起死回生，他其實正是創造了一種新的方法去思考問題。你也不妨一試，說不定，最難的考題也能迎刃而解。

（6）敢於打破約定俗成

被約定俗成的事物範圍很廣，比如權威，它在職場中有時甚至變成了一種「迷信」。尤其是那些經驗老到的元老級人物，頭頂上總罩著一層權威的光環。但是，聰明的老闆並不吃那一套，他們把權威的意見擱在一邊，而啟用富有創造性的提議。

要打破常規思維、經驗主義等約定俗成的主觀定勢，不僅需要獨立的判

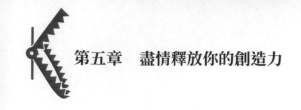

斷力和思考力、也需要敢於挑戰權威和自我否定。

你若想具備老闆一樣毒辣的創新思維，還需要修煉個人的三個基礎條件：

第一，自身要具備厚重的知識底蘊。當你的知識厚度已經滿足和超越了所有需求的時候，你才能突破原有的思維模式，創新才會厚積薄發、應運而生。第二，養成善於質疑的習慣。古人說：「學從疑生，疑解則學成。」質疑是產生問題並解決問題的必要條件。第三，創新鍛鍊要持之以恆。創新思維不可能一天練就，而創新意識也不能一天停止。

小秘訣

各位在踏上創新的慢慢長路前，一定要注意兩點失誤：

1. 創新不是刻意求新，不是違背規律，不是主觀臆斷。
2. 深層次的創新，表現在人的觀念、思想和創意上，技術上的創新只是「小類」。著名管理大師彼得・杜拉克就曾說過：只認為技術層面上的創新才算是創新，這在「下一個社會」將是致命的。

---

7. 別讓你的創造變成主管眼中的胡鬧

創新，確實可以延伸一個企業的生命力，但如果心浮氣躁，單純為創新而創新，只是製造概念，而忽視創新本質，必然會走向失敗。你的那些創造性思維一旦脫離現實，就只是老闆眼中的「胡鬧」。

1970 年代，百事可樂風起雲湧，一呼百應。在其強勢進攻下，可口可樂的市場份額不斷下降。為此，可口可樂公司大刀闊斧，研製出了一種新配方。

為了檢測新產品是否符合消費者的口味，可口可樂公司 1982 年實施了

「堪薩斯工程」，祕密進行了一番市場調查。這項前所未有的大規模口味測試，長達兩年半，耗資高達 400 萬美元。

他們把可口可樂和百事可樂，與幾種其他品牌的飲料混放在一起，並且不標註名字，讓受訪者在不知情的情況下選出最喜歡的一種。測試結果很樂觀：受訪者中，有 60% 偏愛新配方；32% 選擇的是老可樂，而不是百事可樂。於是，新可樂被「寄予厚望」，隆重推向市場。

但是，事與願違。新產品上市後不久，舉步維艱。每天，都會有一千多個抗議電話和不計其數的抗議信件砸向公司總部。

憤怒的情緒迅速蔓延。「老可樂」被那些忠實飲用者標榜為美國的象徵，是不可或缺的「老朋友」。在西雅圖，成立了一個叫做「舊可樂飲者」的組織，他們走上街頭示威遊行，強烈抵制「新可樂」，並指控可口可樂公司侵害消費者權益。雖然公司高層事先預計到會有部分反對意見，不料聲勢竟如此浩大。

在如此強大的壓力攻勢下，可口可樂公司不得不向公眾致歉，宣布立即恢復老產品的生產，但保留新產品。這個沿用了 99 年老配方的正宗「可口可樂」以「古典可樂」的新形象重新登場。至 1985 年底，「古典可樂」以 2：1 的市場銷量遙遙領先於新可口可樂。那個本來被重金打造出來，以抗衡百事可樂的新產品，最終只佔到市場總量的 2%，可口可樂公司只得攜著「新可樂」鎩羽而歸。

可口可樂放長線釣大魚，深知只有創新才能打敗強勁的對手，以持久穩固霸者地位。但是，他們只調查研究了人們的口腹之需，卻沒有顧忌到消費者的情感層面。一旦疏忽細節，定位錯誤，盲目創新，結果就必會得不償失。

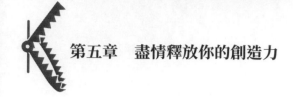

有時候一個糟糕的「創意」就是一個「滅頂之災」。創造並非一時衝動，而應是一種深思熟慮後的行為。

小張是一位實習醫生。有一回在手術臺上，他和一位醫生學長一起給一位甲狀腺病人做手術。突然醫生學長發現小張正準備採用縱切口。

他很詫異，便問小張：「誰教你這類手術要用縱切口的？」

小張沾沾自喜地說：「我想，這只是一個簡單的小腺瘤手術。用縱切口，癒合後手術疤痕還會小一些。」

這位學長聽完有點不滿：「那些專攻甲狀腺的老師們，平均每週八個甲狀腺手術，不管是複雜的病例，還是簡單的，都從來不會採用操作困難的縱切口。」小張聽完便不吭聲了。

當要關閉切口時，小張又嘀嘀咕咕地說：「這個還需要引流管？」

醫生學長嚴肅地說：「引流管就是安全管。你按原則放了，沒有引流物自然沒事，但是一旦因沒放而出事了，你怎麼負責？」小張不服氣地又在一邊嘀咕：「那就放一個唄。」

手術後，醫生學長找來小張談話，「作為臨床醫生，要按醫療原則去做事，而不是主觀臆斷，首要的是把病人的生命安全放在第一位。你沒出事是僥倖，一旦出事，即使是出於好意，也不會得到任何人的諒解。你在科學研究工作中，積極搞創新值得鼓勵，但不代表你可以不講原則和科學依據地亂創新。」

沒有客觀依據和科學根據的創新，是萬不可取的，哪怕你的出發點是美好的。一個員工立足於企業或者這個社會中，任何一個「創想」都不是小孩子玩家家酒，錯了是不可以重來的。如果你給老闆提供的「偉大創意」只是你未經全方位考量的「半成品」，老闆是絕不會買你這筆帳的。

小秘訣

當你自信滿滿地把手中的創意和想法交到老闆面前的時候，你確定它們是真的「創意」嗎？你確定它們不是你個人的異想天開？不是你心血來潮的傑作？

創新是一個漫長的思維過程，而非一個簡單的結果。只有多觀察生活，多積累學識，多考量自身資源，多研究客觀規律，用一種認真負責的心態去創想，才能使你的創造不變成一種「胡鬧」。

8. 每天積累一點新想法

有創意的想法都是在生活中一點一滴產生，再一點一滴累積起來的。有時候，一個在別人看來不可思議，甚至是有些愚蠢的想法，最後會讓那些瞧不起它的人目瞪口呆。

在中國西北地區，有個貧困的小山村。以前，那裡山窮地貧，人們生活潦倒，苦不堪言。但是，村裡冒出了一群有志氣的年輕人，他們立誓要改變這種命運。

山裡最豐富的資源是石頭，靠山當然要吃山啦。於是，他們集體上山採碎石，然後供應給山下的建築商。就這樣，大家總算都能養家餬口了。

然而，有一個叫李四的年輕人，卻覺得幹力氣活實在太沒發展效率了，他突發奇想：如果把那些大石塊整個開採下來，深加工一下，雕成獅子等吉祥動物，賣給城裡那些闊氣的人家，用來擺排場，絕對可以大賺一筆。同鄉們都譏諷他：「大家都沒什麼本事，賺到這些不錯了。你以為你是誰啊？還妄想幹大事呢！」

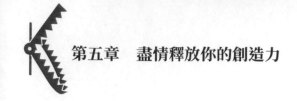

　　李四並沒有理睬他們的話，沒人支持，就一個人做。一年後，李四終於辦起自己的石雕廠，賺著比別人多幾十倍的錢。同鄉們紛紛眼紅不已，扔下之前的苦差事，學起李四，開起了石雕廠，果然也賺到了不少錢。

　　這個山村雖然不出糧食，卻漫山遍野都是野梨。這時，李四又有了新想法。為什麼不種些品種優良的梨呢？他當即行動，承包了一片山坡種植梨樹。在他精心打理下，兩年後，梨園迎來大豐收，利潤高得煞是驚人。於是，同鄉們又紛紛效仿他。就這樣，兩年工夫，這個落後窮困的山村一下變成了遠近聞名的「梨鄉」。各地水果商紛紛慕名前來採購，地方政府還為此修了一條公路作為水果外運專線。

　　令人不解的是，閒不住的李四又開始折騰了。他竟然把大半的梨樹砍了，改種一種不知名的植物。「天吶，他想幹什麼？該不是賺錢賺瘋了吧？」同鄉們即使都嘗過李四「狂想」的甜頭，但還是覺得這次他有點「自掘墳墓」。

　　李四種的其實就是籐條。為什麼要種它呢？李四自有理由：現在產梨過剩，已無利可圖。反而有一樣東西正供不應求 —— 梨筐。籐條這種植物生命力強，幾乎不用打理，低成本卻有高回報，何樂而不為？同鄉們拍案叫絕，佩服得五體投地，又跟著李四如願以償地發了筆小財。

　　又過了兩年，李四這次的驚人之舉是：直接把全部山坡轉手。好奇的人們開始紛紛揣測他的動機但是沒人跟他「不謀而合」。直到有一天，答案自動揭曉：公路邊的崖壁上突然出現了一片紅漆，足有兩百平方米大，中間是一些歪歪扭扭的白色字符。路過的學生們說，那是「可口可樂」的英文字母，是一種美國汽水。原來，李四竟轉行幹起了傳媒營銷。讓同鄉大跌眼鏡的是，這麼一塊巨幅戶外廣告，每年至少能往李四錢包裡塞上四萬美元。

　　隨後幾年，李四不斷在眾人驚愕的眼神中做著各類千奇百怪的事，媒體

則爭相報導他的事跡，他一下成了「商界名人」。

　　某跨國公司正要在中國應徵一個 CEO，他們聽說了李四的「成才史」，很欣賞他的才能。當時李四還在山村經營著連鎖超市，於是，公司決定派個考察團，前去實地考察一下他是否真如傳說中那麼有魄力。

　　前去山村的考察團大失所望。為什麼呢？考察團在超市門口正好碰上了李四與另一家超市的負責人吵架。一個指責對方低價傾銷把自己弄得無利可賺，一個則罵對方以大欺小、搞行業壟斷。由於李四是當地名流，現場來了不少報社記者。激動的李四完全顧不得形象，只管臉紅脖子粗地吵架。考察團人員一個個直搖頭，這不是無賴作風嗎？他們只得敗興而歸。

　　考察團剛到機場候機室，團長便接到了一個電話。掛下電話後，團長立刻放話：回去與李四洽談聘請事宜！成員們大惑不解。團長只解釋了一句：「跟李四吵架的那家超市，也是李四開的。」原來，大家都被騙了，吵架只是一種促銷手段！口口聲聲在那兒說沒利潤，都是在說給顧客們聽！

　　李四為什麼會如此成功？你會發現，他一直在積累生活中自己的每個「想法」，並且積極實施，即使遭到他人的鄙視和譏笑，他仍然堅持去「想」、去積累。如果他像自己的同鄉那樣只會亦步亦趨跟著別人的思想走，也許會得益一時，卻永遠落於人後。

小秘訣

荀子說：「不積跬步，無以至千里；不積小流，無以成江海。」
成功人士的很多想法你並不是想不到，而是從不去想，或者說，從來不曾積累。這一秒，想法出現在你腦子裡，下一秒，就被拋棄了。如果你把那些星星點點的小想法每天累積在一起，總有一天會星火燎原。

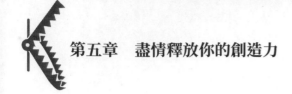

9. 請將你的眼光投向更遠的地方

職場中，那些只顧眼前，而不重長遠利益的人，往往目光短淺，自然難以被老闆重用。遠見，確實很能考量一個人的素養和能力，而放到開發創造力方面，更是不可或缺。只有當你把思想和眼光都「放遠」，才能有廣闊的「視野」去發現創意的火花。

有一個小縣城的投資商為了趕時髦，開了一家海洋館。但在開張的當天，直接就把「老百姓」全都嚇跑了。50元一張的門票讓那些想去參觀的人紛紛望「洋」興嘆。

就這樣，慘淡經營了一年，海洋館始終門可羅雀。最後，實在難以為繼的投資商只能無可奈何地把海洋館廉價脫手。

海洋館的新主人接手後，認為海洋館並非沒有「錢」途，只是缺少好的經營方式。為了讓海洋館起死回生，他在報刊雜誌上打出廣告，向各界徵求拯救海洋館的「金點子」。

終於有一天，一位老師傅自信滿滿地登門造訪。一個退休工人能有什麼好想法呢？經理雖然不抱什麼希望，但還是禮貌地問：「您的方法是什麼？」一聽完老師傅的招數，經理立刻笑逐顏開，當即吩咐屬下照著做。

僅僅一個月，海洋館今夕已不同往日，每天人來人往，生意火爆。這場仗打得真叫漂亮。如果你仔細看，就會發現參觀者中三分之一竟然都是兒童，剩下三分之二則是攜帶孩子的家長。

沒多久，虧損嚴重的海洋館開始盈利了。老師傅支的是什麼招呢？其實很簡單，海洋館只是向公眾打出了一個小廣告 —— 短短6個字：兒童一律免費！

一些人認為是賠本生意的做法，恰恰最終就柳暗花明了，看錯的人其實只是沒有把目光投向更遙遠的地方。你眼前正確的事情，並不一定真對，有時甚至是一葉障目，不見森林。

如何把大多數人認為是謬論的東西用科學的方法去證明其正確性呢？不同凡響的看法，需要不同凡響的眼光去鑑賞，需要不同凡響的創造力去支撐。

美國有一家牙膏公司，因為產品精良、信譽良好而深受廣大消費者信賴。在它剛起步階段，每年的營業額就已遙遙領先於當地其他同類公司，儼然成了行業裡的龍頭老大。投放市場的前十年，公司每年的營業增長率都是10% ～ 20%。

不過，老闆沒有高興太久，因為他發現隨後幾年的業績緩緩停滯了下來，連續每個月的銷量都是在原地踏步，不再有上升趨勢。老闆對此很不滿意，連忙召開高層會議商量對策。

會上，大家獻計獻策，卻沒有一個絕妙的主意可以力挽狂瀾。正在眾人無計可施之際，一名剛進公司的年輕經理打破了平靜，他賣著關子，向老闆提出要求：「我有個絕妙方法，但您一旦使用了我的計策，必須獎勵我 5 萬元！」

老闆聽了氣不打一處來：「你每個月都能領到一筆豐厚的薪酬，另有紅包獎金。現在叫你獻計獻策還要另外支付你錢。不想幹了吧你？」「老闆，別急著生氣，您可以先看看我的計策值不值 5 萬元。若覺得行不通，您一毛錢也不必付，大可以把我掃地出門。」年輕經理自信地說。「說吧！」老闆倒要看看他能說出什麼「高見」來。年輕人一說完。老闆立刻動筆，簽了一張 5 萬元的支票，回報他價值千金的計策。其實，年輕經理只說了一句話：將牙膏

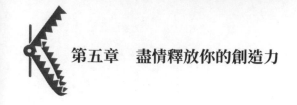

第五章　盡情釋放你的創造力

開口擴大 1mm！這個方法使這家公司第二年的營業額馬上增加了 32%。如果每一個消費者，每天早上多擠出 1mm 的牙膏，那麼你認為每天牙膏的消耗量會高出多少倍呢？

只是一個小小的改變，卻難倒了一群聰明人，難道是這個年輕人比其他人更有智慧嗎？當然不是。當他人只侷限於消費者的購買力，而忽視了更高遠的方向時，有遠見的人則以包裝的改良來「強迫」消費者增加產品使用量。

池塘邊，一個爸爸跟孩子說：捉魚前，千萬不要弄出聲，否則魚就會嚇得游到深水處，那就捉不到了。

有一天，孩子一個人跑去捉魚，竟捉來一籃子。爸爸驚訝萬分，問他是如何辦到的。孩子回答：「一有聲響魚不就往深處游嗎？所以，在池塘中央，我先挖了一個深水坑，再向池水四周扔石子，當魚嚇得溜進深坑後，我只管撈魚就是了。」

這個故事告訴我們：爸爸看到的只是幾條魚，而孩子看到的是整個池塘的魚。一旦思維受到了束縛，喪失了活躍的創造性，就看不到更長遠的利益了。

小秘訣

一個人在思考過程中，如果總是伴隨著合理想像與創造性思維，創造能力就會得到進一步發揮，創造成果也會異常驚人。「異想天開」是發揮創造性思維最有用的方式。跳出自己的狹小空間，把目光放得更高、更遠，才能看見更遼闊的「創意」之景。記住：心遠地自高。

第六章
與「贏」為鄰

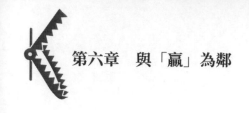

1. 過去「贏」不等於現在「贏」

總賴在功勞簿上不起來，時不時大談當年之勇，並不停顯擺，這其實是一種固步自封、拒絕進步的表現。俗話說「好漢不提當年勇」，過去的成功早已過去，聰明人總是讓自己活在當下，贏在當下。

從前，有一個叫四芯的居士，他在佛學上造詣很深，很喜歡與德高望重的大師探討佛學。一天，他打聽到鄰村深山的寺廟裡，有一位道骨仙風的老禪師，他便前去拜訪。

到了寺廟，先迎出來的是老禪師的徒弟，小和尚禮貌地接待了他。但一個小廟裡的小和尚面對他這樣一個大學者，不僅沒表現出一絲的崇拜，竟然還面無表情，這讓他內心有些不痛快：那些名學大師都要敬我三分，你算什麼？於是，四芯擋開了小和尚倒水的茶壺，傲慢地說道：「快把你師父請出來吧。」不一會兒，老禪師微笑著從內堂走了出來，並十分恭敬地重新為四芯沏茶。

在倒水時，眼見水都已經溢出杯口了，老禪師卻還在繼續往裡倒著。四芯慌忙提醒：「大師，水都滿出來了，你為什麼還要往裡倒？」大師反問：「是啊，既然已滿了，幹嘛還倒呢？」四芯反應過來後，羞愧難當。

一個人如果因為過往的成績而驕傲自滿，就好像一個水滿的杯子，再怎麼往裡加東西，都是徒然。當你把自己的「過去」全部倒掉，成為一個「空杯子」的時候，才能被灌進新的東西，才能成長，才能贏得更多尊敬和成功。

在森林運動會上，一匹叫多里的駿馬獲得了「馬拉松」比賽的冠軍。這項了不起的榮耀使它以往平靜的生活發生了翻天覆地的變化。森林裡的動物們崇拜它、尊敬它，給予它最好的禮遇和讚美。他每天陷在絲竹亂耳、觥籌

交錯中，總有一堆忙不完的應酬。

大家在「歌功頌德」的同時，還饋送了很多貴重的禮物。

猴子是個暴發戶，送了一副黃金馬蹄鐵給多里。它們又厚又重，每一個足有一公斤。哈，這可是貨真價實的「足金」啊，多里穿上後，每走一步都能發出悅耳動聽的聲音，它簡直愛不釋「腳」了。狐狸市長出手也很闊綽，它把多里背上那塊破舊的馬鞍直接扔了，換上了用珍珠和金線編織而成的華麗「披肩」。

「足金」的音樂和背上閃閃發光的「披肩」讓多里瞬間覺得自己再也不是一匹尋常馬了。

它去鐵匠鋪，定製了一個漂亮的圓鐵盒子，用來盛獎牌，然後用彩色的錦繩串起盒子，掛在脖子上。就這樣，它風光無限地去出席各種隆重場合。

轉眼，一年過去了，新一屆的森林運動會又開始了。多里雄糾糾、氣昂昂地再次參賽。但是，比賽開始沒多久，它便氣喘如牛，動彈不得。腳底的純金馬蹄鐵、背上的閃亮馬鞍和脖子上的獎牌盒，這些行頭讓它寸步難行，但它始終捨不得扔下。最後，多里只能眼睜睜看著其他馬兒從身邊呼嘯而過。

多里被過去的勝利沖昏了頭腦，或者說，它沉浸在過去的「贏」中不能自拔，以為一次贏就會次次贏。它的失敗正是源自它的成功，有時，成功也會成為失敗之母。一個人如果不能放下過去的成功，或者不能坦然面對過去的成功，那麼他將可能失去當下成功的機會。

英國前首相大衛‧勞合喬治長期以來一直有一個很奇怪的生活習慣：隨手關上身後所有的門。僅僅是因為禮數嗎？很多人都不知道其中的緣故。

一天，喬治和一位客人在院子裡散步，他們每經過一扇門，喬治就行使

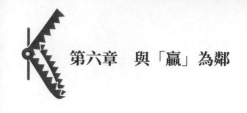

一次他的習慣 —— 隨手把門關上。

「有必要把這些門全關上嗎？」客人忍不住問道。

「呵，的確有此必要。」喬治微笑著回答，「這一生，我都注意著要關上身後的門。你知道這個行為的必要性嗎？當你關上門，也就是將過去的一切關在後面，不管是得意的成就，還是讓人痛悔的挫敗。這樣，你才可以重新開始。」

放下，才能再拿起，有捨才有得 —— 這是佛家經常講的道理，這個道理同樣適用於職場。

小秘訣

過去「贏」不代表現在「贏」，這個道理其實每個人都知道，實際生活中卻總是執迷不悟。

工作中，事業上，很多人一旦遇到挫折就消極頹喪，而一旦小有成績又得意忘形，忘乎所以。你此刻的勝利，很快就會成為過去。過去的勝利已然是歷史，只有把握現在，贏得機會，才能贏得未來。

---

2. 和優秀的人在一起，你也會變得優秀

很多上班族都相信「愛拼才會贏」這個道理，但是有些人可能拚盡全力也不見成效，這說明你身邊一定缺少一個優秀分子。如果在攀登個人事業高峰的過程中，能有一個優秀的人從旁協助，將會事半功倍。

很多時候你不是缺少贏的經驗，而是缺少贏的方法。這些方法從何而來？從成功之人那兒去學來。花大把的時間去摸爬滾打，還不如直接去接近一個優秀的環境、優秀的人。

想贏？不要急吼吼地拚命，先和成功者在一起，先去學會如何贏。

硝煙四起的戰場上，天昏地暗，血肉橫飛。雖然這場惡戰使兵士們潰不成軍，但在前方衝鋒陷陣的將軍卻留意到：一個面無懼色的小士兵始終跟在自己身後。

戰後，將軍叫來那個士兵，讚賞道：「小傢伙！你很勇敢！在整場戰鬥中，你最堅定地跟著我，幾乎寸步不離。你如何會有這等勇氣？」

小士兵答：「報告將軍！是您給我的勇氣！」

「哦？我不曾鼓勵過你呀！」將軍很納悶。

「是的，您沒跟我說過一句話。但離家前，父親告誡我：打仗的時候，要緊緊跟著將軍。這樣不僅最安全，而且有一天你也會變成將軍！」

如果想要保命，就要與將軍待在一起，因為將軍不會輕易喪命。如果想當將軍，就更要與將軍為伍，因為只有優秀的人才能當將軍。

克雷蒂安小時候生了場大病，留下了可怕的後遺症：一隻耳朵失聰，並且一開口講話，嘴巴就會歪向一邊。身邊的小孩子常常會因為這個歪嘴而嘲笑他、孤立他。於是，他總是悶悶不樂。但是，他很快找到了一個更好的「歸宿」：跟大人玩。因為大人「更懂事」，不會欺負他，而且「無所不知」。

從此，他喜歡上了和那些「比自己高的人」相處，直到自己變成那個最高的人。在一次參觀國會後，還在上大學的克雷蒂安立下了一個目標：「總有一天，我會坐上最前面的那個位置。」多年以後，他果然成了加拿大的總理。

與鷹翱翔，才能學會搏擊長空；與狼共舞，才能敢於叱吒荒野。人心向「優」，這是自然界最基本的一種選擇。與各種優秀之人打交道，就等於學習狗的嗅覺、鷹的敏銳、虎的勇敢、熊的力量……在學得「贏」道的同時，更開闊了自己的視野。

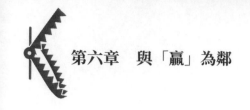

　　成功的方法很多，有些是書上能找到的，還有很多是「無字天書」。要想學到那些無法在書本上找到的真經，就必須自己從優秀的人手中去「取」。耳濡目染，才能真正學到成功者的思維方式和經驗。

　　成功學大師陳安之經常在演講中講這樣一個故事：

　　他的朋友馬克‧漢森寫了一本《心靈雞湯》，這本暢銷書在全世界銷量達 5500 萬本。有一次，陳安之問他：「馬克‧漢森先生，你到底是怎麼成功的？」

　　馬克‧漢森笑著說：「啊！成功，就要看你跟誰在一起了。7 年前，我在美國遇到了鼎鼎大名的安東尼‧羅賓，當時正巧跟他同臺演講。演講結束後，我便私下請教了他一些祕訣……」

　　陳安之好奇地問：「難道這些祕訣使你成了全世界最著名的暢銷書作者？」

　　馬克‧漢森說：「當時，我也問安東尼‧羅賓，『我們同樣在教別人如何成功，可你的年收入卻是我的 50 倍。你成功的祕訣是什麼呢？』他只是問了我一句話，『先生，你都跟些什麼人混在一起？』我驕傲地回答，『我身邊的人個個都是百萬富翁。』他笑了，『這就是了，我每天都跟億萬富翁在一起。』」安東尼‧羅賓的一句話就此改變了馬克‧漢森的一生。

　　你想要快樂的話，就要和快樂的人在一起；你想要健康的話，就去和健康的人在一起；同樣，你想變得優秀的話，就要和更優秀的人在一起。這，就是一種聰明的成功學。

　　職場是一條艱難漫長的路，起關鍵作用的只有幾步，而那「幾步」其實就是機會。機會是人帶來的，優秀的人顯然會帶給你更好、更多的機會。人們經常說：「讀萬卷書，不如行萬里路，行萬里路不如閱人無數，閱人無數不

如與優秀者舉箸。」

小秘訣

世界潛能大師博恩・崔西說：「不管是現實生活中還是想像中，你習慣相處的那些人會對你的目標有極大的影響力。」俗話說，不怕虎一樣的敵人，就怕豬一般的戰友。

「寧可被聰明人笑我愚蠢，也不願蠢人讚我聰明。」你只要抱著這種態度去和優秀的人相處，就一定能獲益匪淺，就一定能贏！

記住：你是誰並不重要，重要的是你和誰在一起。

---

3. 「贏」就是做別人不願意做的事情

一個人在職場，有多少時間是花在自己願意做的事上呢？應該很少。尤其是職場新人，能如願以償去做自己喜歡的事、自己願意做的事的人，幾乎是鳳毛麟角。而那些可以把不願意做的事做好的人，最終都成功了。

李興是本科文憑，並且小有才氣，經常在各種報刊雜誌上發表文章。他原以為，憑自己的條件找份好工作是輕而易舉的事。沒成想，奔波了兩個月竟一無所獲。工作沒個著落，錢倒是快花光了。

就在這時，一位朋友送來了一個機會。他們公司恰好人員有空缺，讓他直接找總經理談談。於是李興忐忑不安地打通了總經理的電話，將自己的大致情況陳述了一遍，總經理聽完滿意地說：「你的條件不錯，過來面談吧。」

當天，人事部經理開門見山地告訴李興，總經理已跟人事部打過招呼了，決定錄用他。真是柳暗花明又一村啊，李興暗自慶幸自己運氣不錯，碰上了貴人。

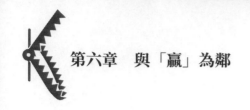

　　可惜，天上是不會掉餡餅的。他被帶到一間低矮的棚屋外，人事經理打開門：屋裡塞著一部粉碎機和一大攞廢品，工具與垃圾攪成一堆，弄得亂七八糟。經理說：「把這些廢品破碎了。這就是你的工作。」李興內心掙扎了一下，最後還是決定幹活。

　　這份差事，又髒又累。粉碎機一開，屋裡整個就成了地震現場，不僅塵土飛揚，弄得睜不開眼，耳膜也被震得發痛。口罩摀得再嚴實，仍有不少灰塵溜進嘴裡。一天下來，灰頭土臉，像一隻從陰溝裡鑽出來的老鼠。

　　即使這麼狼狽，李興從沒有抱怨過一句。每天都耐心地清理乾淨屋子、收拾好工具才下班。他認為既然把這活兒接下了，就要一心一意對待。幾天後，他還別具匠心地做了各項記錄。沒幾天，他又想出些省時省力的小竅門，不僅提高了工作效率，破碎數量和品格也都提高了。

　　就這樣幹了十來天。突然有一天，總經理把李興叫去辦公室，任命他為人事部副經理！這簡直太出人意料了，他一時間愣住了。這時，人事部經理走過來笑著告訴李興，總經理之所以提拔他，不是因為他會舞文弄墨，也不是因為他有高文憑，而是因為，他能將別人不願做的事做好。

　　咬著牙，硬著頭皮，把打心眼裡不願做的事認真做好，你的收穫將不可想像。老闆心裡很清楚：如果一個人能將別人不願做的事做得妥妥噹噹，那麼願做的事就自然能做得更好。

　　台塑創始人王永慶，小學剛畢業便去了一家鄉下米店做小學徒。第二年，就自己籌錢開了一家小米店，幹起了屬於自己的小「事業」。

　　那時的稻米加工技術十分落後，加工後，裡面還會混雜著一些米糠、沙粒、小石頭等雜物，買賣雙方也都習以為常。王永慶心想，每次賣米前，我要是能把雜物都挑選乾淨，顧客一定會很高興。他比別人多花了一份心思在

挑選雜物上，結果這一做法得到了顧客的一致誇讚。

通常，顧客買米都必須自己親自去米店，王永慶卻別出心裁，提供送貨上門服務。他隨身備有一個小本子，上面詳細記載了每個顧客家裡的人數、月吃米量、發薪日期等。一翻看就知道哪個顧客的米該吃完了，然後馬上送米上門。別人都是貨到付款，他卻願意通融，等顧客發了薪水再交，並且自己上門收款。

王永慶每次把米送到顧客家，並不是馬上就走，他會主動幫忙將米倒進米缸。如果缸裡還有舊米殘留，他就先把舊米清理出來、刷淨米缸，再將新米倒入，然後將舊米蓋在最上層。這樣，顧客就不會吃到陳米了。

這一個個小舉動打動了無數的顧客。後來，只要買米大家都會找王永慶。就這樣，他的生意越來越好、越做越大。慢慢地，從一家小米店起步，一步一個腳印，成為了今天的台塑大王，他的生意不僅橫掃中國，而且擴展至世界各地。

同樣是賣米，結果卻大相逕庭，王永慶的「贏」源自：其他米店老闆不願意或是不屑於去做的事，他做了，並做得深入人心。事情似乎很小，做起來好像也輕而易舉，但效果卻難以估量。

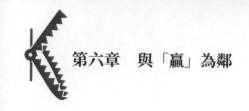

> **小秘訣**
>
> 很多成功人士的祕訣就是：做別人不願意做的事情。什麼叫做別人不願意做的事情呢？可以簡單概括三點：
> ①無足輕重的「小事」，別人不屑去做的事情。
> ②別人怎麼都無法做到的事情。
> ③別人能做，但遠沒有你做得好的事情。
> 一旦你把這三類「別人不願意做的事情」都做到了、做好了，那麼，除了老闆的器重，你甚至還會贏得更多。

4. 已經完成 99%，就不要功虧一簣

努力工作的人，最懊惱的不是付出努力沒有回報，而是明明完成了99%，離成功還差一步之遙，卻因為放棄而功虧一簣。有時候，你只要再堅持一下，就能贏得勝利。

有一個小男孩，很喜歡畫畫，但是他從沒有一本屬於自己的圖畫書。一天，他走進一家書店，問書店的老闆：「您這裡賣畫冊嗎？」

老闆熱情地說：「我這有很多種畫冊呢！」

「那最便宜的一本要多少錢呢？」

「只要 10 塊錢，小朋友！」

小男孩猶豫了一下，小心翼翼地問道：「老闆，我總共只有 6 塊錢，我能賒帳嗎？等存夠了錢，我一定回來把剩餘的還你，可以嗎？」

「不行！沒錢走開！」老闆一口回絕。

小男孩垂頭喪氣地走了，他多麼希望那些美麗的畫冊能再便宜一些，多

麼希望老闆能好心一些啊。他站在馬路邊掙扎了一下，覺得自己還是應該再試一試。於是，他鼓起勇氣又進了一家書店。就這樣，他連續進了五家書店，連續被回絕了五次，可他依然堅持著。每一次被趕出來，他都對自己說：我要是不再試一次，前面的努力不就都白費了嗎？

終於，第六家書店的老闆答應了他的請求，小男孩得到了一本只要 6 塊錢的舊畫冊。當老闆得知之前小男孩那些堅持不懈的求書經歷後，一下被感動了。為了嘉獎小男孩的勇氣，好心的老闆又送給他一疊畫圖紙，一支嶄新的鉛筆，外加 10 元錢！

「啊！實在太感激您了。這樣，我就可以給媽媽也買本書了！」小男孩高興地流下了眼淚。多年後，小男孩如願以償成為一位了不起的畫家。

當你工作受挫時，有沒有像這個小男孩一樣一次次說服自己：「我要是不再試一次，前面的努力不就都白費了嗎？」

若不能堅持下去，沒有恆心毅力，在工作上很難贏得佳績。多走一步，多努力一把，很難也很簡單。簡單，是因為你之前已經努力了 99 次，這一次只是再加一把勁兒。很難，是因為你已經不相信自己會成功。

「不相信自己會成功而導致失敗」這個原理，德國精神學專家林德曼博士曾親身實驗過。林德曼認為，一個人只要抱有必勝的自信，就能使精神強健；精神強健的人在職場上面對困難，就自然可以百毒不侵。

在德國，曾有一百多名勇士冒險乘獨舟橫渡大西洋，都相繼失敗，無人生還。這一壯舉受到了全德國的關注。林德曼推斷，這些失敗者並不是先從肉體上敗下陣來的，精神崩潰、恐慌、絕望……這些消極情緒才是元兇。

為了驗證這個推斷，林德曼不顧親朋好友的一致反對，決定親自當小白鼠。1900 年 7 月，在驚濤駭浪的大西洋上，他獨自駕著一葉小舟踏上了征

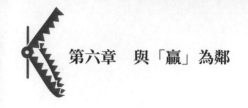

程。他準備進行一項史無前例的心理學實驗，代價可能是：由此而付出自己的生命。

在整個過程中，他遇到了各種難以想像的困難，一次次瀕臨死亡。有時眼前多番出現恐怖的幻覺，行為感覺也處於麻痺狀態。但只要絕望之感、求死之念一升起，他立刻就大聲斥責自己：「快清醒點！你想重蹈別人的覆轍嗎？你想葬身大海嗎？還差一步！我一定能贏！」在不斷地心理暗示和堅持下，林德曼竟然成功了，成了第一個獨舟渡過大西洋的勇士！

有時，如果你在終點前一秒停下，輸的可能不止是比賽，還有人生。或者，如果你多跨一步，除了贏得你的最終目標，可能還有意料之外的禮物。輸或贏，其實都在自己一念之間。職場中，你沒有很多次「功虧一簣」的機會，大多數時候，贏的機會只有一次。

美國西部曾經掀起一股「淘金熱」。其中有一個人在千辛萬苦後終於發現了一塊金子。這塊金子非常大，被深深埋在地下，要靠機器才能完好無損地挖出來，於是他決定先回去弄臺機器。為了不讓別人發現，他把金子偷偷地重新埋了起來。

一個月後，他終於籌夠錢搞到機器，高高興興返回了。但不管他怎麼挖，原先那個地方還是沒有半點金子的影子。他有點不甘心，繼續挖，直到他覺得已經過了當初挖到的深度才放棄。

他憤恨地把這事告訴了另一個淘金人，並將機器廉價賣給了他。那個人一拿到機器，就開始在他半途而廢的地方繼續挖，結果只往下挖了三尺就發現了金子。

這個世界上不知有多少人像他一樣，把唯一一次贏的機會錯過了，放棄了，以致一生都懊悔不已。既然已經完成了99%，為什麼要功虧一簣呢？

小秘訣

在職場中，那些做事虎頭蛇尾、心浮氣躁的人，總是容易在經過重重困難後，開始質疑：「是不是一開始就錯了？」「看來不可能會成功了。」「別浪費時間了，還是早點放棄吧？」

選擇半途而廢，也就是選擇了「放棄贏的機會」。記住這個百分百公式：百分百的努力 + 百分百的自信 + 百分百的恆心 + 百分百的毅力 = 百分百的成功

5. 擁有「贏」的心，才能與「贏」為鄰

敢想，才能敢做。想當將軍的士兵，才有可能成為真正的將軍。如果從來不去爭取，總認為那些「舉世矚目」的成績永遠不會屬於自己，那麼你永遠只有做配角的份。只有擁有想「贏」的心，才能與「贏」為鄰。

王英隻身一人來到上海，立志闖出一番事業。在人才交流會上，她抱著自己薄薄的簡歷和滿滿的憧憬，在人潮湧動的會場來回穿梭，急切尋找自己事業的第一站。舉目四望，她發現，每個展臺上都人頭攢動，卻有一家公司的展臺前門可羅雀，與整個會場的熱鬧氛圍形成了鮮明對比。

她納悶地走過去，只看了一眼，當即被這家公司的應徵啟事內容嚇了一大跳。只是應徵 10 名業務代表，要求卻很苛刻：1. 必須是名校畢業生，2. 必須具備零售業 4 年以上工作經驗。如此條件，難怪無人敢問津。

王英知道自身條件與之相差甚遠，可這是一家非常有實力的公司，她對這個業務代表的工作充滿興趣。於是，她把心一橫，告訴自己不能輸在起跑線上，要是被拒絕，權當它是彩虹前的風雨。

她鎮定自若地來到應徵席前，中年主管坐在那掃了她一眼，面無表情地

指了指應徵啟事，示意她去看。王英笑了笑，說：「我已經看過了。不過我並不是名校高材生，只是電大畢業。剛來上海，也沒從事過零售工作。」

那位主管抬起頭，好奇地看了她半天，才說：「那你為什麼來應徵？」

王英微微一笑：「我之所以貿然前來，是因為這份工作我很喜歡。並且，我自信能夠勝任。」頓了頓，她又補充道，「還有，即使符合貴公司的所有條件，我想，他未必看得上這份工作。」說完，她毅然決然地把簡歷遞了過去，那位主管竟沒有一絲惱怒，反而微笑著收下了。

第二天，王英意外收到了錄用通知。後來她才知道，那些苛刻的條件，那道高門檻，只是公司故意設置的攔路虎。其實，當她坐上應徵席說出那番話時，也意味著她透過了職位測試：具備一份勇氣和「贏」的信心。

如果王英沒有勇氣走向前，去挑戰，沒有想要贏得職位的那份信心，那麼，日後又怎麼有勇氣去敲開客戶的大門？又如何自信地與形形色色的商家打交道呢？

有時候，阻礙你前進的，不是經驗不足，也不是那些苛刻的條款，而是你自己的心。

曾經有位進京趕考的窮秀才，在考試前幾天，做了三個怪誕的夢。

第一個夢是他爬到一面高牆上，賣力地種大白菜。第二個夢是瓢潑大雨中，他又戴斗笠又打傘，慢慢地走。第三個夢是他跟一個美麗的女子躺在一張床上，但是背靠著背。

這三個夢讓秀才百思不得其解，他覺得一定與自己考科舉有關。於是，他趕緊上山去廟裡找算命先生解夢。

算命先生聽罷，搖搖頭說：「窮秀才，你還是放棄考試吧。你想想，在牆上種菜，不是說你白費勁嗎？戴著斗笠還打雨傘，也就是多此一舉。跟女

子背靠背躺在一起，這不是沒戲嗎？」秀才一聽，如遭雷劈，心灰意懶，準備回客棧收拾包袱。秀才失魂落魄的樣子被一個老和尚看見了。和尚便上前問：「施主，為何愁眉不展？」

秀才就把前因後果說了一通。老和尚聽完故作神祕地說：「這夢啊，我也會解。」「大師是不是也認為我該回家？」秀才哭喪著臉。老和尚呵呵笑了：「不，施主這次千萬要留下來！你仔細想想，高牆種菜，不就是高種嗎？戴斗笠打傘，不正是說明你有備無患嗎？跟女子背靠背躺在床上，說明你翻身的時候就要到啦！」秀才一聽，恍然大悟。之後，他抱著一舉高中的決心，精神百倍地去參加科舉考試，最後果真考取了功名，中了探花。

如果你的心不相信自己可以贏，消極逃避，那麼只能注定一事無成。如果你回頭搏一把，那麼摘得的可能不僅僅是一個「探花」而已。思想決定我們的未來，你抱持著什麼樣的目標和想法，就有什麼樣的未來。只有積極地對待工作，工作才會給你一個積極的未來。

小秘訣

同事常常被贈予鮮花和掌聲，你卻遭受冷落，總在角落默默無聞？你是不是會抱怨幸運女神不來敲你的門？面對工作時，你是不是總是打不起精神來？掌聲和鮮花，是用「心」贏來的。你沒有火熱的心，自然很「冷落」，很「無聞」。女神很忙，你要自己主動去找她。如果有激情，工作就不會只是「催眠劑」。一句話：你的心在工作上嗎，你有「贏」的決心嗎？

6. 從量變到質變，把握「質變」機會

做成任何事都不是一蹴而就的，都需要過程。工作不能太急功近利，古

語說：冰凍三尺非一日之寒。

一踏入職場就馬到成功、春風得意的人很少，大多數人都需要一步一個腳印地去積累和努力，從量變達到質變，然後，抓住關鍵性機會，贏得主動權。這樣，才能升職加薪，才能創造價值。這種機會就是「質變」下的產物。

「要想在職場中占得一席之地，在事業發展中取得一番成就，就一定要有耐心，有恆心，有決心，能把握機會。」這是王雨自己十年來職業生涯的經驗總結。從一個初出茅廬的小丫頭，到如今一家世界五百強企業的亞太區總監，她付出了很多，也抓住了很多。

王雨身邊的很多人都很詫異，她是如何能人所不能？如何取得那些成功的？又如何在人才濟濟的大企業中爭得一席之地的？答案其實很簡單，那就是堅持和遠見。如果翻開王雨的履歷表，你可以看到，從大學畢業到現在，她一直在這家公司待了整整十年，從基層員工到總監，不曾半途而廢。

每次公司來新人，在接受培訓前，她總是會先告訴他們：「做任何一份工作都不要輕易放棄，要學會堅持。對許多人來說，職業能力發展是一個『厚積薄發』的過程，那一瞬間的耀眼綻放，是靠你在日常工作中一步一步積累下來的，在這個過程當中，你需要韌性，你的努力需要達到一定的量。」

有些人很優秀，能力很強，也很有進取心，對未來的事業懷有遠大抱負。但是，他們卻無法想像，也無法忍受用十年或更長的時間堅持在一件事上。他們希望在儘量短的時間內證明自己的實力，看到收穫的果實，比如一兩年或兩三年。

願望是「美好」的，可是有幾個人能有這種好運呢？大多數人想要做出點成績，必須要日復一日地工作，必須要堅持不懈地努力，必須火眼金睛抓住一切機會。

張偉，畢業於中國一所鼎鼎大名的高校，他頭腦聰明，做事也很有想法。他覺得憑他的才華，不出兩年，一定能打下一片屬於自己的天下。

參加工作三年後，張偉在公司的職位一直不高不低，懸浮於中低層，遠沒有達到他理想中卓而不群的目標。他感到很鬱悶，無論是在大學裡與人一爭高下，還是日常工作中處理事務，一直以來，他總是能很快得到自己想要的結果。但是，三年了，他仍「一事無成」，這讓他不得不懷疑這份工作和這家企業是否適合他。

最後，張偉還是忍不住離開了。經理很為他感到惋惜，他一直認為張偉很有希望在這個行業幹下去，未來會有不錯的發展前景，可惜，他耐不住「寂寞」。

一些人沒有取得成就很大部分原因就是中途發生了改變，選擇了一條自以為正確的「捷徑」。

很多職場新人都有一種急功近利的心理，希望付出一分馬上就得到回報，總覺得花一兩年一定能功成名就，要是沒幹出個什麼樣子，以後就沒戲了。然而，職業生涯的發展不是一兩天的事，付出一分的時候，你可能看不到回報，付出三分四分的時候，可能還是看不到。但是，當你付出十分力的時候，只要抓住瞬間「質變」的機會，你就可能一次得到幾十分的回報。

有準備的人、有「內容」的人才能看見機會。累積知識和經驗的目的是什麼？就是等到質變的一天，可以把握住那個關鍵機會，一旦失去了，你可能還要等待很久才會再出現一次，或者就此不再出現良機。如果沒有之前的累積，就算機會到了眼前，你可能也無法很好地把握。

落在頭上的一個蘋果，使牛頓發現了萬有引力定律；偶然間看到比薩大教堂內的吊燈來回擺動，伽利略推算出著名的鐘擺定律。有人羨慕：我怎麼

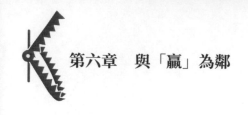

碰不上那份好運呢！只是運氣嗎？樹上落下的蘋果總是會砸到人，而鐘擺也一直在那擺動不止。

他們的成功，一是因為，在成功之前，他們一直在刻苦鑽研，累積知識；二是因為，當他們的思想和學識達到一定程度發生質變後，他們把握住了那些關鍵性機會。

小秘訣

能力的累積，是不會產生負值和廢料的，每一個知識點、經驗點都是你未來機器中的一顆螺絲釘。這些螺絲釘越多，發揮的作用就越大。在積累、準備階段，可能不會見到多少成效，但是達到一定程度後，就必然會推動你職業的發展，加速你成功的步伐。

每天從小事做起，腳踏實地，積累績效，增加個人的「量」，直到這些「量」突飛猛進，產生「質」的變化，然後眼疾手快地抓住它！

---

7. 自我放鬆，安然度過黎明前的黑夜

放鬆，是一種良性自我情緒調節。如果一個人在面對困難時，焦慮不安，或者沒有一個好的心態，那麼即使僥倖成功，也不會走的太遠。

在澳大利亞，曾經有一位著名的長跑運動員名叫羅‧克拉克，他極具長跑天賦。這樣一個世界公認的最強者，卻接連兩次在奧運會上敗北，僅獲得了一枚銅牌。然而，他真正的實力絕不止於此，他曾十九次打破男子五千尺和一萬公尺的世界紀錄！因此，這個悲劇人物被世人冠以「最偉大失敗者」的名號。

這種情況，並不僅僅發生在克拉克一人身上。歷屆奧運會中，那些人們

心目中的候選冠軍，有三分之一以上並未如願登上冠軍寶座。在體育界，這被科學家稱為「克拉克現象」。

「克拉克現象」的本質是一種心理素質引發的失敗。在職場中，這種現象，也是屢見不鮮。比如，面對求職面試的時候，面對重大決策的時候，平時那份坦然、鎮靜瞬間不見了。

如果一個人失去良好的心理素質，臨場情緒緊張，即使實力優於對手，也會失去更多機會。

美國心理學家，曾對 75 位事業有成的企業家進行過一番心理剖析。研究得出，除了具備共同的「特強心理特徵」外，其中更重要的一點就是：遇到阻力，寵辱不驚，放鬆心態，不慌不忙，有技巧地擺脫困境，直至贏得最後的勝利。

一次，一家歌劇院突發火災，驚慌失措的觀眾為了逃命，爭先恐後地湧向兩扇窄小的大門。由於沒有工作人員的疏導，門很快被人流重重封死，結果大多數人都葬身火海，即使是那些身強力壯的年輕人也未能逃出來。

但是，在為數不多的幾個倖存者中，竟有一個 70 多歲的老人。一個老人家是如何獨自一人脫身的呢？記者們一擁而上，紛紛採訪這個奇蹟般從災難中成功逃生的老人。老人笑著說：「呵呵，很簡單啊，我只是先把心放鬆了。」原來，老人眼見人潮瘋狂，已無望從大門逃生，於是索性放平心情，定下心來，細緻地觀察火勢位置和走向。了解清楚狀況後，他當即決定大膽一搏：迎著火海繞到後面去！果然，在火場背面，他找到了一個小缺口，因此得以生還。一個老人家，雖不具備年輕人體魄上的硬體實力，但憑著過人的心理素質，靜心思考，安然度過危險，贏得了第二次生命。這不是命運的垂青，而是他的心態救了自己。

　　有一位技術高明的培訓師，每次對推銷員做行銷培訓時，他總有一套不同一般的訓練方式。比如用一段現場問答來幫助推銷員克服內心對敲門的恐懼。問答開始前，培訓師先設置一個情境：讓推銷員想像自己正站在要拜訪的客戶門外……培訓師：「請問，你此刻正在哪裡？」推銷員：「我在客戶家門外。」「沒錯！那麼，下一步，你準備幹嘛呢？」「我當然是要敲響這位客戶的家門。」「當你登堂入室後，你覺得，最糟的狀況會是怎樣的？」「最糟的狀況？猜想就是被客戶趕出門吧……」「一被趕出門，你又會在哪裡呢？」「嗯……還是站在客戶家的門外啊。」「沒錯！那不就是你此刻所在的位置嗎？最糟的結果，不過就是站回原處，這其實沒那麼恐怖吧？」工作中，很多情況，最糟的結果只是回到原點，只要再敲一次門，只要有贏的心，就必然有贏的機會。就算吃了閉門羹，也是獲得了一次寶貴經驗，為什麼要給自己過大的心理壓力，以致得不償失呢？當你把一切放開，放鬆心情，很多事做起來會更得心應手。

　　如果本身具有強大的實力，再附加強大的心理素質，組合而成的無疑是最強大的力量。韓國圍棋天才李昌鎬有個綽號叫「石佛」，因為在對弈前，他沉著忘我、收放自如的氣場，經常讓對面那些強大的敵手精神崩潰，自亂陣腳。

　　不管是棋場上，還是職場上，面對強大的力量，比它更強大的就是自身的精神力量。你的心態，決定了你是否能安然度過黑夜，決定了你最終的輸贏。

> **小秘訣**
>
> 良好的心理素質，是職場人士必備之良藥。
>
> 在就業壓力、工作壓力、競爭壓力等各種壓力層出不出的職場上，心理學家越來越倡導「輕裝上陣」，這個「輕」指的不是身體上，而是心理上。
>
> 不管是臥薪嘗膽，還是臨陣一戰，都要讓自己心理減壓，放下思想包袱。當你具備了「輕鬆的靈魂」才能盡情展現實力。

8.「贏」在果斷，不給自己任何藉口

那些從手邊溜走的大把機會，你是如何錯失的？你是不是不斷地製造出各種藉口來阻礙自己，你是不是徘徊不定，猶豫不決，難以果斷做出行動。這就是原因。

法蘭克・畢吉爾，是美國大名鼎鼎的保險大廠。他剛從事保險這份工作時，個人的魅力和出色的營銷手段使他在這個行業裡大展身手，無往不利。

那些好成績給了他很大的鼓勵和激情，他更加對自己未來的職業生涯充滿理想和抱負，立志在這個充滿挑戰的行業中幹出一番事業。但就在此時，他的業績開始停滯不前，從業以來，他遭遇了人生第一個工作「瓶頸」。

深陷工作危機中的他，迫切想讓自己的業績恢復到拋物線的頂點，於是，他更加賣力地出去跑業務，向那些頑固分子使出渾身解數。為了不放棄任何一個成交的機會，他總要三番五次地登門拜訪，然而結果常令人沮喪。雖然他付出的汗水比以往多了好幾倍，可業績並沒有太大起伏。

在那段拚死拚活的日子裡，他整天鬱鬱寡歡，開始對自己的前途產生疑問，開始找藉口，甚至產生了要放棄這份工作的念頭。

　　為了讓自己平靜下來，他重新開始認真思考。問題到底出在什麼地方？平日的工作情景，一遍遍過濾出現在腦海中：很多次，百般努力下，客戶終於應諾購買他的保險，但在最後關頭，卻又反悔，拋出「再考慮考慮」「以後再說」等說辭。如此，花費了大把時間，仍然前功盡棄。

　　無計可施之下，他開始翻閱自己近一年來的工作筆記，並細緻深入地研究。突然，他發現了一個至關重要的細節，一個大膽的想法閃現在他的腦海裡。

　　之後，他一改往日的作風，積極行使自己的新推銷策略。結果令所有人大吃一驚，他創造了一個奇蹟：在短時間內，那個平均每次賺 2.70 元的成績，被迅速提升到了 4.27 元。從業以來，他的保險業務首次突破了百萬美元大關，引起業界一片震動。

　　那麼，法蘭克‧畢吉爾成功的祕訣是什麼呢？

　　當時，他在工作筆記中發現了這樣一組奇特數據：在一年成交的保險業績中，70% 是第一次面談就成交的，23% 是第二次面談成交的，只有 7% 是花了三次面談才成交。而實際上，在那 7% 業務上花費的時間幾乎占了他所有工作時間的一半以上。

　　於是，他果斷放棄那 7% 的微弱機會，不再以打通所有客戶為藉口，騰出大量時間用於新業務的拓展，用於成功機率最大的那些客戶。最終，法蘭克‧畢吉爾成功了。

　　不論是職場，還是生活中，形形色色的機會很多，但如果每個機會都要抓住，這樣豈不是得累個半死？重要的是那些讓你獲益最大的良機，那些對你職業發展起關鍵性作用的良機，一旦發現，不要拖拉，果斷下手！

　　一天，一個小女孩坐在樹下玩耍。突然，一陣大風颳過，隨即從樹頂上

「嘩啦啦」掉下一個鳥巢，一隻嗷嗷待哺的小燕子從鳥巢裡滾了出來。小女孩覺得小燕子很可憐，決定把它帶回家餵養幾天。

她捧著小燕子高興地往家跑去，快到家門口時，她突然想到，萬一爸爸不允許在家養小動物怎麼辦呢？於是，她把小燕子輕輕地放在了屋門口，然後匆忙跑進屋去遊說爸爸。在小女孩的苦苦哀求下，爸爸終於心軟，答應讓小燕子進屋暫住。

小女孩激動地跑回門口，卻發現小燕子已經不見蹤影了，只看見一隻黑貓，滿嘴鳥毛，正意猶未盡地舔著嘴。顯然，小燕子已然成了黑貓肚裡的美食了。

小女孩為此傷心、自責了很久。從此，她記住了一個教訓：只要是自己想要做的事情，千萬別優柔寡斷，一切行動都要果斷。

職場中，瞻前顧後，猶豫不決，確實可以減少一些犯錯的可能，但總在不確定中糾結，更可能會失去贏得勝利的機會。一旦發現良機，就必須抓緊時間，果斷採取行動，才不至於貽誤時機。

小秘訣

如果猶豫、觀望、找藉口，遲遲不做決定，機會就會悄然流逝，到時後悔莫及。果斷行事，就是不要對一個問題不斷思索，一會兒想西，一會兒想東；就是要養成迅速決斷的習慣；就是要見機行事，隨機應變。當良機出現時，要立刻抓住，扭轉航向。一個成功的人在面臨機會和抉擇時，沒有藉口，只有行動，沉著冷靜地分析各種情況，並果斷決策。

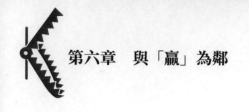

第六章 與「贏」為鄰

第七章
職場充電為工作儲蓄

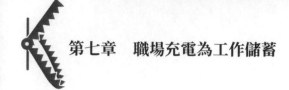

1. 需要充電的五個信號

有句諺語說：活到老，學到老。不管你能力多強，學歷多高，想要在職場的大風大浪中不被淘汰，就必須要：充電！下面亮起 5 個號誌，看看你是否對號入座，是否該為工作儲蓄一些能量了。

信號一：發覺自己對目前的工作提不起興趣

小柯雖然學的是法律系，自己卻並不是很喜歡。畢業後，他進了一家律師事務所。由於對這份工作不怎麼上心，他的成績一直平平。而他從不在意，總幻想著自己有一天可以做記者或者探險家。越不安心工作，他就越覺得自己的職業沒有意思，工作也就越提不起興趣。

其實，律師是一個很有前途的職業，何況在同行業中，小柯所在這家事務所也算是數一數二了，環境好，待遇優，很多人都望眼欲穿。小柯猛然間發現，很多才華橫溢的人都跑來競爭律師這個職業，對照自己對工作的消極態度，他一下子感覺到了壓力。

職場的生存環境是激烈而殘酷的，你不喝這杯羹，自然有其他人來覬覦。「愛一行幹一行」是很難的，只有「幹一行愛一行」才是正道。儘量把理想和現實和諧統一起來。好高騖遠，只會延誤一生。如果還想繼續幹下去，就立刻充電。否則，只能面臨「貶值」和淘汰。

信號二：職業發展突然「停滯」不前

蘇珊是一家知名廣告公司的銷售經理，在這個令人羨慕的職位上，整整做了 3 年。然而，突然間，她做出了令所有人大惑不解的舉動──辭職。為什麼呢？她解釋說：「我的職業發展已到了完全停滯的狀態，重複多於創新。

以目前的狀態，工作上很難再有更大突破。」

蘇珊，這個戰績顯赫的拳手，放棄了優厚的待遇、良好的事業基礎，收回拳頭，只為了停下步伐去調整自我，積累更大的力量再次出擊。

在職業生涯的某個階段，每個人都可能出現一段「不長進」的「停滯」期。這是一種信號，一旦出現，說明充電時間到了。永無止境地學習和更新，才能成就自我。務必要擺正自己的心態，樹立正確觀念：沒有永遠穩固的職業，只有佇立不倒的技能。

信號三：忽然發現工作中出現了一堆「問號」

工作了近五年的小新，雖然經驗豐富，但最近常在工作中遇到一些難以下手的問題。這種狀態讓小新很緊張，面對那一大堆新問題、一大推「問號」，他總是不知所措，但也不想讓同事或上司看出自己的尷尬和茫然。這時，一位老師的話刺激了他：在未來職場上只有兩種人。一種人，為了工作和學習，忙得要死；另一種人，永遠在忙著找工作。

小新可不想成為後一種人。他自掏腰包去參加了行業培訓，一輪學習下來，茅塞頓開，心裡一下變踏實了，那堆「問號」也在充電中漸漸消失了。他坦言：「找到一份好工作就等於『一勞永逸』的模式已成為過去式。剛剛掌握的資訊，可能過兩天就過時了。只有一直與日新月異的資訊訊息賽跑，及時更新知識，才能不被淘汰。」

信號四：職場道路上太過一帆風順

安娜是一家廣告公司的財務總監，主管全公司的會計核算工作。加入這家公司 7 年了，雖然沒有一紙「註冊會計師」的證書，可工作起來，照樣如魚得水。

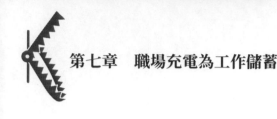
　　找到一份好工作不易，能「站穩腳跟」則更難。周圍的一些同學不斷考證、參加各種學習班，希望能「跳」得更高。但安娜覺得自己完全沒必要為了一個證書而浪費時間。天天花精力去學習，不僅影響工作業績，老闆看見了也會有意見。

　　從某種角度看，安娜的想法沒錯，可放在一個知識經濟時代的大背景下，就說不通了。「單一型人才」只能唱獨角戲，「複合型人才」才是搶手貨。一帆風順有時並非好事，正所謂「生於憂患，死於安樂」。技多不壓人，「充電」才能更好地「敬業」。

信號五：「跳槽」 —— 時刻準備著

　　就讀於外語學院的珍妮，畢業後在一家公關公司裡給一個英國籍老闆做祕書。她的專業是英語，除了英語翻譯，並沒有任何其它特長。就這樣，一待就是兩年，這期間她接觸到很多中國外知名企業諮詢機構，珍妮從中逐漸認識到諮詢這個行業的無限前景，於是，她開始有意識地收集相關資料，為將來做打算。

　　終於，她申請到了美國一所高校繼續深造，從一個傳統行業跳到了一個新興產業，她希望學成之後可以去一家跨國諮詢公司工作。當然，達成跳槽目標的唯一做法就是充電。

　　為了增加事業打拚的資本，充電必須同自身的職業規劃緊密相連，才能達到學以致用。

小秘訣

如何讓自己在職場中「不貶值」？這需要不斷地「充電」，為工作儲蓄能量，使價值「保鮮」。學習是永無止境的，充電，絕對是防止「人才貶值」的上上之策。時刻把終身學習的理念銘記於心。

有句諺語說：你永遠不能休息，否則，你就會永遠休息。

---

2. 當職場陷入「無氧狀態」

很多老江湖，在職場打滾多年，工作早已得心應手，但突然間，感到身心疲憊，找不到激情，或者惶恐不安，對自己的職位患得患失，或者感覺前途黯淡、才思枯竭……

這些消極的感受和情緒，讓會你感到窒息，瀕臨休克。你不禁問：我究竟是怎麼了？我該怎麼辦呢？

其實，你只是遇到了「職場休克」，陷入了「無氧狀態」。此時，你必須及時調整，及時給自己補氧，才能避免「缺氧而忘」。

為了挑戰自己，找到人生價值，心高氣傲的羅佳 6 年前放棄了自己國有企業的經理職位，跳槽到了一家外資公司做小職員。雖然職位、薪水都遠不如前，但是，外企靈活的管理制度和快節奏的工作模式讓她無比興奮，躍躍欲試。她終於可以盡情地揮灑才華和激情了。兩年來，羅佳不斷受到嘉獎，職位和薪水也不斷提升，成為項目負責人後，又晉升為銷售經理。

然而，這並沒讓羅佳高興太久。隨著職場新人的不斷湧入，一種恐慌感也隨之襲來。當那些青春朝氣的女職員用流利的英語和客戶口若懸河時，當看到書面商務報告上那些飄逸的英文單詞時，她覺得自己竟然有點跟不上時

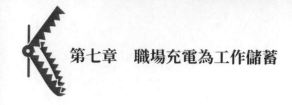

代了，尤其是她那「半吊子」英語。

作為一個坐在管理者位置上的本科生，每天面對一個個碩士、博士，羅佳覺得特沒底氣，覺得自己就像一口快要挖不出水的枯井，早晚會被填了。那段「缺氧」的日子裡，羅佳情緒低落，無精打采，不愛說話，做什麼事都毫無激情。

經過一番心理鬥爭，羅佳遞交了辭呈，決定去充電！她明白只有先放手，才能抓住更好更多的機遇。只有不斷地學習和進步，才能永遠不枯竭。

辭職後，羅佳如饑似渴地研習相關專業知識，苦攻外語，還參加了口才訓練班，以提升語言表達能力。一年下來，她感覺自己就像一個充滿電的蓄電池，活力十足。充足電的她重返職場後，很快由銷售經理晉升為銷售總監，帶領自己的銷售團隊創造了一個又一個輝煌業績。

很多人對工作產生枯竭之感，幾乎都是源自「能力恐慌」，一旦競爭激烈，自己的職位安全感被破壞，焦慮、憂心就會如影隨形。這時，你需要客觀地審視一下自己，是否該去「補氧」了？

職場「補氧」五招：

（1）化壓力為動力

轉變思想，把挫折和壓力作為自己進步發展的原動力，作為走向成功的特效藥，而不是一場災難和噩夢，化消極逃避為積極進取。這樣，你才能充滿幹勁地工作，才能逃離缺氧狀態。枯竭等死還是奮發向上，只在你一念之間。調整工作心態，做工作的主人。

（2）了解自己，了解工作

一旦鑽進工作的死胡同出不來，先別心急火燎，趕快靜下心來思考：你

的優勢和劣勢分別在哪？這個職位需要你具備什麼？你的性格適合做哪類工作？你如何發揮所長？努力不夠還是方向錯誤？你對工作的期望值是什麼？……知己知彼，方能百戰不殆。

(3) 運動和放鬆

職場「補氧」，需要生理和心理上的共同互動。運動，是保持身心健康的良藥。經過鍛鍊，身體放鬆了，心情也能相對寧靜。「喘口氣」也是一門學問，身心放鬆，往往比睡眠更見療效。多做一些有效的鬆弛性運動，如游泳、做操、散步、聽音樂、深呼吸等等。

(4) 尋找工作價值

處在邊緣地位，不受人重視，得不到上級認可，沒有歸屬感……這都是因為你在工作上找不到「價值」。這種時候，不要忍氣吞聲，應該積極表達自己，與上司充分溝通，找回職業抱負，確立職業發展目標。抓住一切機會發揮自己的潛能，工作上一旦有欠缺，就及時學習充電。

(5) 樹立新目標

挫折和失敗總是會把原先的目標弄得面目全非，這種時候無需浪費精力去挽救，重新尋找一個方向，確立新的目標，再次點亮心中的明燈，將消極心理轉為理智思考。信念和意志力會隨著新目標的產生而自動調節和支配，從而給你供氧，啟動新目標的行動。

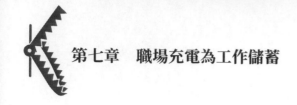

小秘訣

在職場打拚一番後，很多人感覺當年的躊躇滿志已然消失殆盡，曾經激情滿懷，如今卻滿心疲憊。職場一旦缺乏氧氣，就難以生存，所以千萬要謹慎。記住：當你面對缺氧危機，就要馬上調整心態，放鬆心情，儘量摒除那些消極的思想，多把關注重心放到積極的事物上去。

---

3. 充電別像電腦一樣當機

不管一個人自身「性能」多好，工作上多麼盡職盡責，多麼獨當一面。一旦遇到問題，還是難免會出現一些「當機症狀」。為了避免落於人後，為了不拖自己的後腿，就必須時刻保持警惕，謹防職場「當機」，不盲目充電，不胡亂充電。

充電當機現象 1：CPU 延誤

有的員工從不遲到早退，從不插科打諢，工作也積極認真，但手頭的工作卻總是進展緩慢，老闆看了直抓狂。工作效率低，很多時候是因為你沒有合理地安排好時間，比如習慣性加班，比如乾等一個重要電話而擱置其他事。你不妨整理一下近期的工作計劃，細心周密地做一番統籌安排。別浪費夾縫時間，「一心兩用」有時可以事半功倍。

充電當機現象 2：螢幕藍屏

如果你在辦公室總是一臉苦大仇深，或者一副英勇就義的架勢，動不動就「藍屏」一下。那麼，你的人際關係必然要亮起紅燈。有一天當你發現，你的突然出現使別人的笑容立刻冷卻兩度，那麼抱歉地告訴你，你的螢幕已

經藍屏了！微笑，是萬能鑰匙，務必隨身攜帶。具有親和力的微笑，絕對會讓你的人氣指數暴漲。而微笑，來自良好的心態。

充電當機現象3：聲卡雜音

在職場中，你獨有的「聲卡」總起著「舉足輕重」的作用。該你發言時，你是不是「靜音」了？你是不是總生硬地回絕別人的要求？同事閒談，你是不是會忽然冒出一兩句刻薄話？職場中這種「雜音」比聽音樂冒出的雜音更具殺傷力。所以，說話絕對是一門藝術。所謂「三思而後行」，說話前，不妨自行透過一個內在「安檢」程式。謹言慎行，會讓你的「聲卡」少出一些尷尬狀況。

充電當機現象4：網卡堵死

就算你有滿肚子的奇思妙想，如果不與人交流，只能爛在肚子裡。唏噓自己「懷才不遇」？

如果你真有才而不遇，只有一個原因：你的網卡堵塞了。辦公室裡的促膝長談，是交流；飯桌上的碰杯共飲，是交流；球場上的並肩作戰，也是交流。如果你把交流限定在一張桌子上，那你的帶寬速度顯然不夠。暢快淋漓地與人交流，發展道路才更暢通無阻。

充電當機現象5：臨場斷電

斷電，誰碰上了不會鬱悶個半死呢？正歡暢工作中，突然斷電。機器受損，數據丟失，是小；被競爭對手捷足先登，失去先機，才是大。突發事件，在所難免，關鍵不是去阻止它的發生，而是事前做上兩手準備，這才是有效的。不管是文件備份，還是人事備份，都要有備無患，給自己準備一個

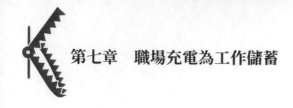

「UPS 電源」，在緊急情況下，把自己救出絕境。

充電當機現象 6：超頻警報

　　超頻者的最大愛好就是，不惜一切榨出電腦所有潛能。而超頻的代價，便是縮減使用壽命。強大工作壓力下的職場人士，拚死拚活，將自己超頻使用，其實是把生命提前透支。過勞死、身心俱疲、工作倦怠……這些屢見不鮮。身體是事業的本錢，人畢竟不是電腦，一旦「當機」，很難「重啟」。在工作中高速運行時，時刻注意別超過安全時速，一旦過線要適時減壓。

充電當機現象 7：軟體不兼容

　　在工作中，警告你「非法操作」的事情時有發生：一不小心，就撞在公司規章制度的槍口上；不管怎麼努力，總是和一些同事合不來；老闆看你總是不順眼，從不會誇上你一句……為什麼職場那麼難混？也許，你跟你的公司有點不兼容。每個企業都有其獨有的個性，你不能要求別人變得有人情味，來體諒、遷就你，而必須自己去適應公司文化和人際關係，與其兼容，互助互利。

小秘訣

在 IT 界，有這樣一條定律：「每隔 18 個月，電腦產品的發展速度便增加一倍，性能也相應增加一倍。」這條著名的定律一直牽引著電腦產業的飛速發展，一代強過一代。職場中，我們同樣需要這個定律，每一天都要學習，每一刻都要思考，每一秒都要充電，時刻保持與時俱進。

拒絕當機，勤於充電，沒有最好，只有更好 —— 這就是現代職場精神的精華所在。

---

4. 你需要一個新目標

當事業亮起停頓紅燈，當工作陷入計劃圍困，當你的指航燈熄滅，突然失去了方向，此時，無謂的掙扎和消極的逃避只會雪上加霜，你需要的是一個新目標。定位清晰，有方向地充電，才能避免浪費時間和精力。小張學的是電腦專業，但是畢業後他選擇了一個專業完全不對口的行業 —— 保險。雖然對保險　竅不通，但他很好學很勤奮。剛開始工作，他就先在一旁默默觀察別人怎麼跑業務，一遇到問題就立刻請教同事，還購買了各種相關書籍去鑽研。小張發現公司有不少客戶是外國人，而自己那點英語程度，老外溝通實在太困難。於是，他定下一個新目標：英語充電。隨即他參加了一個英語進修班，幫他衝破了語言關。

等到可以獨立操作業務後，小張又發現自己的保險知識不夠系統全面，而且連張保險從業資格證都沒有，這樣對未來的職業發展很不利。於是，他又定下一個新目標：考取保險代理人資格證書。

經過一系列有針對性的充電，小張具備了流利的英語和系統的保險知識，工作上如虎添翼，業績也突飛猛進。從小張的經歷中我們看到：充電前一定要目標明確，清楚自己缺什麼才能補什麼。

著名自然學家費勒曾經用一些毛毛蟲做了一個非比尋常的實驗。這種毛毛蟲有一種共性：喜歡盲目地追隨。所以，它們被稱為宗教遊行毛蟲。費勒將它們整齊地排放在一個花盆的外框架上，圍成一個圓圈。這樣，領頭的毛蟲實際上就連接著最後一隻毛蟲。隨後，在花盆中間，他放上了毛蟲最愛吃的食物。這些「固執」的毛蟲始終圍繞著花盆轉圈，一圈又一圈，無休無止，直到因饑餓勞累而死。食物近在咫尺，毛蟲卻餓死了。為什麼？因為它們按

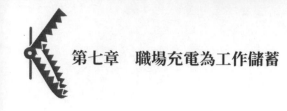

照慣性盲目地行動。人類也會犯同樣的錯誤。沒有目標和主見，跟著「職場圓圈」裡的其他人無目的、無方向地走，只能錯失寶貴的「食物」。所有成功人士都有同樣一個特徵：目標明確。他們無一不對自己的發展方向瞭如指掌，他們有目標也有計劃，知道隨機應變，也知道為完善工作適時定製新目標。制定新目標必須行之有效，下面教你幾個簡單的步驟。

（1）自我剖析

唯有知道自己身處何地才知道下一步該走向哪裡。分析自身優勢和弱勢分別是什麼？列出自己最需要學習的是什麼？知道自己擁有哪些重要資源？總有些人只顧快速地設定目標，卻不去仔細查核是否具備良好的條件支撐，這會導致方向性錯誤。

你手頭必須有一張所擁有資源的清單，包括：自我個性、朋友、財物、教育背景、愛好、能力……越詳盡越好，這可以使你了解自己。

（2）目標的制定理由

制定目標前，先問自己這樣一個問題：「我為什麼想這麼做？」這是因為：首先，你要確定這是你的目標而不是別人的；其次，增強你達成目標的慾望。你想這麼做的理由越多，你達成目標的慾望就會越強，也就越能成功。

如果你能輕易找出一堆制定目標的充分理由，那你離成功就不遠了。記住，最激勵我們行動的，往往是追求目標的動機。

（3）參照過去的經驗

不管是成功經驗，還是失敗經驗，都是一筆寶貴的資源和財富，你應該純熟運用。訂立目標前，可以先回顧一下過去兩三次的成功經驗和失敗經驗。仔細想想，自己為什麼成功，又是為什麼失敗的，都做了哪些特別的

事，並記下那些特別的原因和特別的事。

（4）儲備知識

　　不管設定了何種目標，想要順利完成，知識儲備是必不可少的。你需要不斷地學習，吸收新的訊息來幫助你確定和達成目標。比如你需要搞定一個難搞的客戶，而他恰好是個老外，而你又恰好語言不過關，那麼語言和外國文化就成了搞定這個客戶的阻礙。

> **小秘訣**
>
> 職場就像一盤拼圖遊戲，你若沒有清晰的目標，腦袋裡就不會有整個願景的全貌，只能憑空胡亂拼湊即使堅持不懈也許會讓你成功，但是會花上太多無謂的時間和精力。
> 隨時為自己的工作樹立一個積極的新目標，把職業生涯描繪成一幅清晰透徹的拼圖，只要找到自己需要的每個卡片，就能拼綴出美好的事業。

5. 職業生涯不可或缺的「安全墊」

　　不管你想安分守己，抱著自己的小飯碗一輩子，還是激流勇進，隨時準備大展拳腳，或者是挑戰高難度，大玩跨行跨業，充電，已然是職業生涯不可或缺的「安全墊」了。

　　職場中不同的安全厚度，需要不同的充電力度。

（1）「安全墊」之地毯級

　　Jake 剛跳槽進一家廣告公司做創意總監，新官上任第一把火就是負責公司的世博項目。藝術類活動的創意策劃正是 Jake 最擅長的。但是，Jake 一

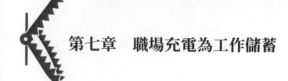

上任就發現，公司在此類項目上毫無經驗，而且這方面的資源早被一些大公司瓜分殆盡。先機早失，現在扎進去純粹是自掘墳墓。

經過一番市場調研，Jake 發現體育這塊的機會還很大。不過這類活動，需要工作人員具備一定的體育經紀資質，所以他積極地接受相關方面的培訓，對體育經紀進行系統的了解。經過培訓，Jake 了解到，體育經紀人資格的入門其實並不難考，只要符合申請條件，參加培訓，並透過考試就能取得證書。而他也就此成功地為公司的世博項目開通了一條有效的發展路線。

「安全墊」使用心得：缺什麼就補什麼，這是最常見的一種充電方式。那些入門級職業資格證書，通常難度低，拿證快，上崗也快。考證充電絕對是一塊「保底」的安全毯。

（2）　「安全墊」之靠墊級

安娜在大學時英語雖然不錯，但早先待在沒有語言環境的公司，就有些退化了。後來進入一家外企，英語才慢慢恢復過來。不過，一批批的名校畢業生接踵而來，個個一口流利的英語，相比之下，安娜不免有些自慚形穢。為了不被「後浪」拍在沙灘上，她開始抽出時間，惡補英語。

就在這時，一場金融危機橫掃過來，世界各國的目光紛紛投向亞太地區，最有競爭力的除了中國，自然就是日本了。所以安娜打算學點日語，如果以後公司開拓日本市場，這不僅提高了自己的競爭力，也方便日後工作，何況日本人的英語向來是出了名的「不堪入耳」。說幹就幹，安娜隨即報了一個日語班，在一年內迅速拿到了日語一級證書。

「安全墊」使用心得：未雨綢繆是一種積極的工作方式。安娜準備的安全「靠墊」可能短時期內派不上用場，但一定會對未來的發展大有助益。很多時

候，書到用時才方恨少，有備無患才是上策，所以「充電」要未雨綢繆。

(3) 「安全墊」之高枕級

說到考證，張潔就直皺眉頭。在讀研最後一年，她報考了註冊會計師 CPA，那時候，她還是學生，沒什麼實踐經驗，專業課自然讀得很吃力，而且臨近畢業，各種瑣事一大堆，每天都弄得雞飛狗跳，狼狽不堪。考證，成了她那年最痛苦的一次經歷。

當然辛苦也不是白費的，CPA 這張證書含金量很高，全國只發出去幾萬張而已，找工作時它幫上了大忙。然而，兩三年過去了，時代前進了，張潔突然發現自家的證書早已不被業內人士放在眼裡，最受歡迎的全都是國際證書，張潔心裡頓時一陣發慌。只有跟上時代，才不會被時代淘汰。被逼無奈下，張潔選擇報考「英國特許公認會計師認證」。為了自己的「安全」，張潔只得充電加油，再經歷一番當年的「苦不堪言」。

「安全墊」使用心得：山外青山樓外樓，一山還比一山高。如果你不學習、不進步，只能成為優勝劣汰下的失敗者。升級自己的證書，也就是給你的職業生涯一個安全保護套，它的優點是只要充一次電，就可高枕無憂好多年。

(4) 「安全墊」之氣墊級

小薰是一個室內設計師，但是近來她卻認真研究起心理學來了。同事們對此都很訝異，心理學和室內設計怎麼被她給聯繫在一起了呢？

小薰是個內心細膩的人，平時喜歡寫寫東西，抒發情感。偶然一次機會，一個研究心理學的老師看到了她寫的各種情感小品，認為她很有「前途」，建議她去研習一下心理學。同事都覺得她這個跨度有點大了，她卻笑著

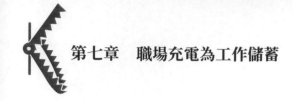
說：「如果不掌握客戶心理，怎麼設計出讓他們滿意的東西呢？」

「安全墊」使用心得：職場中，有些東西就像氣墊一樣，平時用不上，關鍵時刻卻可以救命。興趣是最好的老師，偶爾學一些和興趣有關，和工作無關的東西，以後遭遇職場困境，仍可以讓自己「安全著陸」，說不定「無心插柳柳成蔭」了。

> **小秘訣**
>
> 「長江後浪推前浪，前浪死在沙灘上。」這句話形象道地出了職場的競爭慘烈和危機四伏。充電，正是讓每個人免於「死在沙灘上」的職場「安全墊」。
>
> 生命不息，充電不止。電力十足的人，飯碗才能穩固如鐵。

6. 職場充電也要做市場調查

在事業上實現跨越式發展，並提高日後的職業競爭力，這需要面對一個重要環節，那就是充電進修。充電，看似很普通的一件事，卻不能等閒視之。不同之人充電後，達到的效果也不盡相同，有的人立即見效，馬力十足，有的人邊充電邊漏電。

為何同樣是充電卻相差十萬八千里呢？是不是所有職場人士都需要定時充電？最適合自己的充電方式是怎麼樣的呢？其實，職場充電前，要先做一番市場調查。

充電，也就是補充知識和能力。如果把知識比作電池，那麼，你就會更容易理解：有的電池是實用型的，有的則是長效型的。工作性質決定了你所需的電池種類，不同種類電池的充電方式也不一樣。看看你的充電需求是什

麼？你需要哪種類型的電池？

(1) 充電變身物：鋰電池

王曉英是個魅力十足的女強人，個性火爆，工作雷厲風行。她在一家中等規模的廣告公司做行政主管，雖然憑藉著自己的努力和天賦，在職場中「遊刃有餘」，但是好強的王曉英並「不知足」，她認為目前自己的工作環境相對輕鬆，不像那些 4A 級別的競爭殘酷。如果有一天，她面對出類拔萃的競爭對手，面對職業瓶頸，該如何是好呢？為何不趁現在時間充沛去多學一些過硬的本事呢？她決定去進修，這樣日後才能站在一個更高的起點上。

使用說明：持久耐用，用效顯著。

有的人未雨綢繆，有先見之明，希望在遇到攔路虎之前先學會打虎本領；有的人認為自己的學歷、資質不夠，希望以提高自身能力來改變命運；有的人給自己立下了明確的職業規劃，希望放長線釣大魚，電力充足地完成計劃目標。

不管你是以上哪一種需求，這些情況下的充電，就像鋰電池一樣，電力十足，實用可靠，而且長效保鮮。

(2) 充電變身物：鹼性電池

小景大學畢業不久，剛加入職場大軍。他覺得自己是個新人，就應該多多學習，「寧濫勿缺」，但一時半會兒，也不知該從哪兒下手。一次，同事們侃大山，提及 MBA。這種管理課程不是很熱門麼？說不定哪天自己步入管理層呢？隨即，他去報了管理培訓班。不久，人力資源資格培訓開始流行，他也積極參加。之後，物流師職業培訓火起來了，他又去湊熱鬧。一切學完之後，他發現這些知識在本職工作中完全沒有用武之地。於是，小景再接再

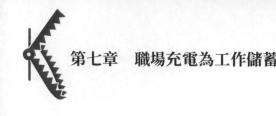

屬，伺機尋找下一目標。

使用說明：運用廣泛，價值待估。

有些人積極地參加各種職業培訓，只知道學的都是些有用的知識，卻不知道「對自己有用在哪兒」，也不清楚自己到底需要的是什麼。有些培訓甚至跟本職工作相差十萬八千里，不跨行的話，根本就用不到。目前來說，只是開闊了眼界，了解了各行各業，但對於未來的職業發展未必有用。

鹼性電池的使用範圍極其廣泛，然而，它不能充電。這種充電方式帶有一定的未知性，當然，一旦發揮作用，力量不可小覷。

（3）充電變身物：普通充電電池

馬蕊是一家諮詢公司的普通職員，但她認真負責，工作效率很高，在同事中顯得出類拔萃。老闆看到了她的工作能力，很快提拔她當了中層主管。馬蕊很高興，工作更加認真了。可是一段時間後，她發現自己的辦事效率下降了，總被一些瑣碎的事務打亂工作進度。後來朋友給她指點迷津，她才知道原因是欠缺管理學知識，不會合理分配工作。於是，下班後，她去參加管理培訓班，以此提高自己的管理技能。

使用說明：當即見效，方便快捷。

工作一段時間後，有的人會在工作中發現一些盲點，這些盲點會直接影響工作。有的人選擇從事的職業會有一些資格要求，比如會計證、律師證等。無證人士無一例外都要被遣去充電。這類充電，都是必須的，在一定程度上也是被動的，但它產生的效果會很快。

普通充電電池可以反覆充電，雖然使用時長不如鋰電池，但是它的實用性十分強大。

小秘訣

簡單來說，充電可分為主動充電和被動充電，或者是自我充電和外部充電。
有些人很有上進心，總是主動去學習未知的事物，自學能力很強，這就是主
動充電；而由於職場的優勝劣汰感到壓力和威脅，透過參加一些培訓學習來
彌補不足則是被動充電。
不管選擇哪一種充電方式，最適合你自己的、最有效果的才是最好的。

7. 職場生存口訣 —— 積極法則

職場中，聰明人會讓自己生存得更積極、快樂。他們享受工作的過程，
給自己充滿電，精力旺盛，而不是像做苦力一樣怨聲不斷。

怎樣讓自己在職場中如魚得水呢？讓自己更快樂的生存口訣是什麼？你
需要的正是 —— 積極法則！

積極法則一：改變心態

如果改變不了事情的結果，就改變對事情的態度。

大家都知道「塞翁失馬，焉知非福」的故事：一個老翁，丟了一匹馬，
有人說：「你真不幸。」老翁答：「是福是禍，還不一定。」不久，馬帶著一匹
野馬回來了，有人說：「你太好運了。」老翁答：「是福是禍，還不一定。」結
果，老翁的兒子從野馬上摔下來，斷了腿，別人又說他不幸，老翁的回答還
是照舊。過了一段時間，官府徵兵，參戰的人幾乎無一生還，老翁的兒子由
於斷腿未被徵用，從而幸運地活了下來。

任何事情的好與壞、對與錯，都不能太早下定論。一分為二地看待事

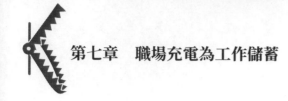
物，你才會變得樂觀、灑脫。

心態的變化會影響人的命運。從前，兩個秀才上京趕考，路上看到一口棺材。甲說：「太不吉利了，這可不是個好兆頭！」乙說：「棺材，不就是升官發財嘛，看來這次一定能高中！」由於心態不同，乙比甲更有鬥志，結果考中的是秀才乙。

積極的心態，往往會引發奮發向上的鬥志，人生結果就由此而不同了。

積極法則二：享受過程

享受過程，才能讓每一天、每一刻都精彩紛呈。有一個年輕人每天坐在路邊曬太陽，無所事事。一個智者問他：「你這麼年輕，怎麼不去工作？」年輕人說：「工作能有什麼好結果？」智者又問：「那你怎麼不結婚？」年輕人說：「結婚能有什麼好結果？」「你怎麼不交友？」「交友又能有什麼好結果？」……智者於是告訴他：「生命是一個過程，而不是一個結果。」

甲、乙兩個人一起出門旅行，沿路都是美麗的風景。剛開始，兩人邊走邊欣賞美景，都心情極好。後來甲一時興起，故意走快一些，以便早看一眼風景。乙想，怎麼能讓你捷足先登呢？於是加快步伐，走到甲前頭去了。就這樣，兩人越走越快，直至奔跑起來。看風景的人，變成了賽跑運動員，之後，一路的風景兩人都沒看到。

眼裡只有結果，卻看不到過程，就好像爬山的人把沿途的美景忽略了，只顧登上頂峰的目標，這樣，只會失去更多拚搏中的樂趣。積極法則三：活在當下對於職場中人，什麼事是最重要的？可能有人會說，最重要的自然是升職、加薪了。其實，最重要的事，就是你手上在做的事，這就叫「活在當下」。

有個人每天都把日子過得很累，為了尋求解脫，他找到一個老禪師，

問道：「怎麼樣才能快樂點？」禪師回答：「活在當下。」「什麼是活在當下？」禪師笑了笑，意味深長地說：「吃飯時吃飯，睡覺時睡覺，這就是活在當下。」

如果你總是活在過去，不能自拔，就會消沉厭世，或者自以為是。如果你總是為未來迷茫困惑，杞人憂天，就會焦躁不安，或者脫離實際。因此，把握現在，積極工作，才是真正的智慧。

活在當下，就是要善於挖掘工作中美好的事情。並認為一切正以最好的方式全方位展開。

讓自己心情愉悅，工作才能漸入佳境。你一旦失去當下，也意味著失去未來。

積極法則四：壓力拐彎

有一對夫妻結婚多年，最大的問題就是吵架。隨著時間的推移，越吵越傷感情，已近離婚邊緣。怎麼辦呢？倆人都很想挽救這段婚姻，最後決定去旅遊散心。

美麗的風景使他們的心境都平和了許多。途中，他們遇到了一條南北方向的山谷。很有意思的是，這個山谷的東面坡上長滿了各種五花八門的樹，西面坡卻只有雪松獨立。為什麼兩邊的差別這麼大呢？為什麼西面只有雪松獨活呢？

他們最終找到了原因。西坡的雪比東坡大很多，而雪松的特點就是樹枝柔軟，雪積多了，枝條會被壓彎，雪掉落後，枝條就又恢復了。而其他種類的樹，乾枝硬挺，往往直接被雪壓斷，就這樣全死光了。

兩人突然受到啟發，壓力大的時候，他們應該學雪松「彎一彎」，壓力才會拐彎。於是倆人不約而同向對方道歉，從此，兩人和好如初。

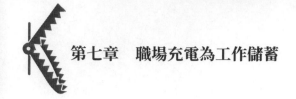

　　工作中的壓力，總是容易壓彎我們的「脊背」，只有學會「讓壓力拐彎」，以柔克剛，你才能真正享受工作。

小秘訣

從牢房鐵窗朝外望去，消極的人看到的是滿地泥濘，積極的人看到的卻是繁星滿天。

你改變不了現實，但可以改變心態；你不能篡改過去，但可以定位現在；你無法預知明天，但可以把握今天；你不能左右他人，但可以掌控自己；你不能選擇容貌，但可以盡現笑容。積極向上，是在職場中生存和發展的祕技。

---

8. 職場充電要三選三看

　　大多數職場人士充電都會選擇培訓班，他們不在乎多花點錢，只要方便快捷、省時有效，就 OK 了。但是，面對各種名目繁多的培訓機構，如何才能找到最可靠、最有保障的「老師」來充電呢？這是個成敗攸關的問題。

　　只要參照以下「三選三看」，充電成功基本就八九不離十了。

（1）選培訓品牌

　　小昊大學剛畢業，在校學習成績不錯的他，卻始終找不到一份合適的工作。他發現，問題關鍵是自己只有理論知識，卻沒有很好的專業技能。於是，他花了一萬元，隨便找了家技能培訓機構學習軟體開發。進修期結束後，學校應諾把他推薦到一家軟體公司，小昊正想大展拳腳，可還沒到試用期結束，公司就以不合適為由辭退了小昊。

　　像小昊這種類似情況多不勝數，培訓班開始總是給出一堆「高優承諾」，但一不小心，就被擺一道，結果多半是竹籃打水一場空，花費一筆冤枉錢。

如今各種培訓機構、例如英語、電腦等，都處於一種魚龍混雜的境地。所以，挑培訓機構，首先要選品牌。知名品牌機構通常擁有相對成熟的運作體系，不僅信譽有保障，也更具綜合實力。

很多品牌機構會搭建企業與學生之間的橋樑，提供定製、定向的實訓，使學生能先行接觸、融入到企業中去。這種模式，給職場新人創造了就業機會。品牌往往象徵著品格。

（2）選培訓老師

莉莉的英語口語一直很糟糕，而她所在公司的國際業務則越來越多，為了使自己未來的發展道路更順暢，她決定去惡補口語。於是，她在公司附近報了一個英語口語班，每天跟著老師「咿呀學語」，幾個月後，她順利畢業。然而，莉莉碰到了尷尬，當她自信滿滿地跟一位美國客戶溝通時，還沒說上幾句話，老外就抱歉地說了聲「sorry」，隨即把貼身翻譯叫了過來。同事告訴她，她說的英語口音很重，老外很難聽懂。

選擇培訓機構時，一定要考察它的教學資源是不是足夠雄厚，這是實力的最佳反映。當然，教學資源不是簡單地指硬體設施、教學環境，而是看它能否給你提供最優質的培訓服務，比如教師的資質。很多專業素質高的英語培訓機構會聘用一些英語母語教師，透過雙語授課、社交對話等多元化教學方式，提供一種純粹的語言學習環境。

（3）選培訓教材

「時代日新月異，然而學習教材有的還是陳芝麻、爛穀子。」這是張輝的深痛感受。張輝當初急於求成，沒有認真挑選電腦教材，以致花了大把功夫，卻只學了些「陳舊落後」的技能。結果，在公司同事面前鬧出大笑話，

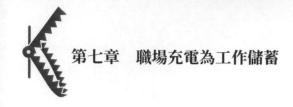

老闆至今對他愛答不理，職業就此出現了危機，他實在是悔不當初。如果挑選教材的時候多長個心眼，也不至於如此。

培訓教材不好直接影響著充電的效果。不選最新教材，實踐中自然就會碰壁，尤其是那些電腦類書籍，必須時刻走在時代的前鋒，跟不上時代只能淪為「歷史書」。所以，充電學習，選教材要謹慎。

完成選品牌、選老師、選教材之後，還要再進一步看理念、看課程、看效果。

（1）看理念

一個培訓機構的理念是什麼，就意味著它會如何培養、修煉學生。如果它的理念不合你的胃口，那麼還是另覓他家吧。比如選擇英語培訓，它的培訓文化最好能體現「圍繞學生安排英語課」，以愉悅學英語、輕鬆學英語為理念，這樣才能讓學習變得輕鬆有趣。

（2）看課程

除了選擇好的培訓機構，選擇適合的培訓課程也是一件頗費腦筋的事。不同的培訓課程會滿足不同人的需求，挑選的時候，應詳細了解自身知識層次、職業方向、學習能力以及經濟能力等各種基礎條件，然後選擇適合自己的課程，這樣會讓你擺脫單純的理論性知識學習。

（3）看結果

花那麼多時間、金錢去培訓進修最終是為了什麼？還不是直衝著加薪、升職、跳槽……這些「堂而皇之」的目的。所以，實際上，不管你找什麼樣的培訓班、不管你學哪類課程、也不管你拜多了不起的人為師，說到底，只是為了學習效果。讓你達到目的的充電、讓你增加價值的進修，才是你最終

的選擇。

> **小秘訣**
>
> 正要職場充電的人士們，請戴上你們的「火眼金睛」，仔細選，認真看，別把挑選「充電環境」和「充電工具」不當回事。
>
> 「充電硬體」不過關，你再怎麼努力，再怎麼加油，結果不是事倍功半，就是充一堆廢電。

9. 只比別人多掌握一種本領就好

常言道：人無遠慮，必有近憂！每個人除了具備賴以生存的職業技能之外，還應該比別人多掌握一種可以「另謀生路」的本領以備不時之需，多一種本領也就多一個機會。

有一個老人，在院子裡飼養了一大群天鵝和家鵝。天鵝天性優雅，除了展翅高飛，還會唱歌這一項獨門祕笈，當老人心情煩悶的時候，只要聽一聽天鵝美妙的歌聲，就立刻感到身心舒暢。因此，老人非常喜歡那些會唱歌的天鵝。

而家鵝，個個都是具有高警覺性的看家好手，一有小偷光臨，就連連驚叫提醒老人，何況家鵝的蛋和肉也是最美味的食物。所以，老人自然也非常喜歡家鵝。

在那些家鵝中，有一隻聰明的家鵝突然反應過來，跟其它家鵝說：「我們每天替主人看家幹活，辛苦操勞，還要被宰殺。而那些清高的天鵝卻整天無所事事，逍遙似神仙。這實在太不公平了！」於是，它們聯合紛紛起來，決定遠走高飛，也去享受生活！

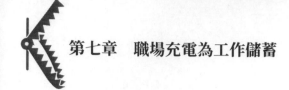

但是外面的世界危機四伏，它們完全沒有自我保護的能力，經常被其他動物攻擊，尤其是那些吃鵝的惡狼。最終，驚慌失措的家鵝逃了回來，從此再也不敢離家出走，甘願聽從命運的安排，過起了以往的平凡日子。

一天夜裡，家裡來了很多客人，需要加菜。老人便走進院子，隨手抓起一隻天鵝。天鵝以為自己今晚要成刀下亡魂，心中很難過，於是為自己唱起了輓歌。老人一聽到歌聲，立刻知道自己抓錯了，便放了天鵝。

家鵝與天鵝體貌相似，混在一起時，很難辨認，但天鵝卻用自己的歌聲解救了自己。多一種本領，竟多了一條活路。

職場中的每個員工，乍一看，是分不出高低來的。但到了關鍵時刻，「天鵝」就會用「歌聲」解救自己，或解救別人。你是否也是擁有一技之長的「天鵝」呢？如果不是，那你實在有必要去充一下電，去多學一種對自己有用的本領，防患於未然。

有一個孤獨的老木匠，一天心血來潮製作了一個小木偶。這個小木偶很神奇，能走路，會說話。但是，左看看右瞧瞧，總覺得缺了點什麼。老木匠恍然大悟，小木偶少了一樣最重要的東西 —— 笑！

「我的小木偶啊，只要會笑，你就會永遠快快樂樂的。」老木匠這麼說著，便拿起刻刀，為小木偶添上了一個笑嘻嘻的喜氣表情。有一天，小木偶背上自己最喜歡的紅書包，高高興興上街去玩，可是，一隻小狐狸搶走了他的紅書包。不管小木偶怎麼解釋，來排解糾紛的警察叔叔總是不相信那是小木偶的書包。因為，在警察的眼裡，滿臉憤怒的小狐狸，才像一個被冤枉的物主，而一副笑嘻嘻表情的小木偶，更像是在撒謊。可憐的小木偶傷心極了，沒人相信他說的真話。小木偶由於傷心過度，覺得頭疼，便抱著腦袋蹲在大街上。一隻小白兔看見了，好心問道：「你怎麼了？」「我頭疼 —— 」小

木偶抬起頭，居然笑嘻嘻地回答。「哼，你裝得一點兒都不像！我不信！」小兔子蹦蹦跳跳地走開了。過一會，一個老婆婆走過來：「小木頭人，你哪不舒服嗎？」「我頭很疼。」小木偶還是一臉笑嘻嘻。「真過分，連老人家都騙！」老婆婆氣呼呼地走了。小木偶越想越委屈，頭也越來越疼。他真希望自己永遠都不會笑！這時，一個小女巫出現了，她能看出來小木偶的傷心。

小女巫溫柔地告訴他：「親愛的小木偶，你會頭疼，是因為你很傷心，卻不能哭。」小女巫魔棒一揮，「哇 ── 」小木偶放聲大哭起來。痛哭了之後，果然頭就不疼了。

「小木偶，聽著，我現在把所有的表情都還給你。」小女巫又用魔棒一揮。

從此，小木偶不僅會笑，還會生氣、著急，別人再也不會誤會他口是心非了。

笑，確實很重要。但是，如果只會「笑」這一種「本領」，那是遠遠不夠的。

在職場中，並非要十八般武藝樣樣精通，其實，只要多學會一種本領就好了。

小秘訣

職場中，誰都不想成為倒數的那個「No.1」，不管是能力，還是效率，每個人都在想方設法趕超別人，於是，大家紛紛「不擇手段」地充電。

但記住，不要為了充電而充電，三百六十行，行行有學問，而你只需多掌握一種，在工作中就能受益匪淺，助你一臂之力。遍學多門，不如多精一門。

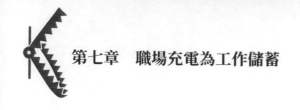

10. 別掉進職場充電的失誤

　　為了搶占先機，保證自己強大的競爭力，職場人士匯聚而成的千軍萬馬紛紛踏上充電道路。不過，每個人的職場規劃不同，所處的職業發展階段自然也不同。為何充電？如何充電？這些還得細細思索，注意腳下，千萬別一不留神掉進了職場充電的失誤，好事反倒成了壞事。

失誤一：盲目跟風

　　張玲，在一家諮詢公司做文員，不知何故，最近她心血來潮，去進修會計專業，打算報考會計證書。但是，才上了沒幾趟課，張玲就開始心不在焉。由於她本身對會計這個專業沒有多少興趣，所以學習過程中一碰到艱澀的問題就失去耐心。

　　她的一個好朋友見她學得那麼揪心，就說：「你這樣就算拿到證書又有什麼用呢？誰會聘用一個只有會計證書，卻沒心做帳的人呢！」張玲仔細一思索，認為朋友說的對 —— 興趣是最好的老師，自己都沒興趣，怎麼能學好呢。當初，她看到很多同事忙著充電，其中不少人都選擇會計培訓，她覺得做會計挺有前途，沒多考慮就去報名了，後來想想真是後悔。

　　總有那麼一些人，在工作之餘，眼見身邊的同事或朋友，一會跑到東邊上培訓班，一會又奔往西邊參加學習班，每天忙忙碌碌，就覺得自己也不能閒著，也得跟著學點什麼，就忙不迭地尾隨其後。但是，其中有幾個人事先認真思考過自己真正的需求呢？哪一邊最「人多勢眾」，哪一邊最「熱火朝天」，就朝哪裡跑。興趣？完全顧及不到了。計劃？還沒來得及制定。

職場充電，切忌盲目跟風，「深思熟慮」才是真正的有備無患。

失誤二：死塞硬抗

李輝從事著一份翻譯工作，工作踏實，收入也穩定。然而，大學畢業快三年了，他還像個學生一樣，每天就知道抱著書本，兩耳不聞窗外事。在學習上，他非常「大方」，把全部的業餘時間都奉獻給了各種五花八門的培訓。除了類似外語進修這類本職工作需要的培訓外，他還涉獵了企業管理培訓、會計培訓，IT 培訓……只要是他能想到的，無一遺漏。公司同事當面都熱情地稱呼他為「充電專業戶」，背後則譏笑他是個十足的「書袋子」。

一位好朋友問他：「你充的這些電都用在哪了？學了長時間不用，到時不就都忘記了嗎？」他傻傻地撓撓頭，想了半天就說了句：「多學點東西總不會錯的，只管塞就行了。」

像李輝這樣的人就是典型的「死填鴨子」，把業餘時間安排得密不透風，義無反顧地充電、進修，除了工作就是充電，管它有無用武之地，管它是否難以消化，管它派不派得上用場，管它會不會把自己撐死。只管毫無目的地學，為了充電而充電。把自己慢慢地變成一個「只會往裡塞，不會拿來用」的「書袋子」。

職場充電，切忌硬塞死抗，要「精」挑「細」選，要量力而為。

失誤三：草木皆兵

Jane 在一家通訊公司做網路編程工作，雖然工作努力，成績也一直很好，但 Jane 是一個很有危機意識的人。她認為編程工作的技術性很強，必須不停地提高、不斷地加強，才不會被那些新人比下去，才能保住飯碗。為了使自己始終保持最佳狀態，她決定抓緊時間充電。「危機」當頭，Jane 頗

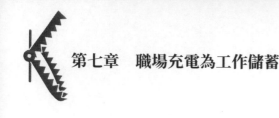
感焦慮，她覺得不被淘汰的唯一方法，就是定高目標，所以她選擇了技術性特別強的培訓。那些艱深的課程，讓她學得很累很吃力。

　　丈夫見她疲憊不堪，就忍不住問：「你是個感性的人，為什麼要選擇技術性那麼強的培訓項目？不適合自己的課程只會越學越累。」Jane 很有才氣，如果不那麼心急，多加深一下網頁設計的知識，就完全能不費吹灰之力地拓展她的工作，使自己獨當一面。

　　每個職場中人都怕裁員裁到自己頭上，然而，有些人鎮定自若，揚長補短地充電，總能一切盡在把握中；有些人卻自亂陣腳，總是危機四伏，深怕一不小心中了埋伏，結果往往做出錯誤的判斷。其實心存危機感，自我鞭策是一件好事，但是如果這種危機感衍變為神經質，時刻草木皆兵，這就是件麻煩事了，甚至阻礙事業發展。

　　職場充電，切忌草木皆兵，要心懷全局，穩如泰山。小秘訣當人們急於求成的時候，就會掉進一些自己設置的陷阱和失誤。而「急」正是導致不能「成」的關鍵性因素，不管是盲目充電的人，還是「死」充電的人，或者是帶著「恐懼心」充電的人，他們無一不是因為「急於求成」。

　　職場充電前，先放平自己的「心」，才不至於踏入危險禁區。

第八章
「杜拉拉」必備職場蓮花寶典

1. 職場新人小心「禍從口出」

人們常說「病從口入，禍從口出」，一旦沒有把自己的嘴管好，說了不該說的話，往往需要付出極大的代價，到時悔之晚矣。正所謂一言既出，駟馬難追。為了避免造成無法彌補的錯誤，說話萬不可信口雌黃，口無遮攔。

小易是個大三在校生，主修編導專業。暑假很快就要到了，同學們紛紛出校實習，以求豐富自己的實踐經驗。小易也決定出去歷練一把，她透過一個朋友的牽線搭橋，得到了一個到當地電視臺實習的機會。

實習沒幾天，為了盡快和同事們打成一片，小易主動挑起話題，與大家談起了「穿衣心得」。聊天中，她的指導老師說，自己平時最愛穿的就是佐丹奴，覺得這個品牌的衣服很有歐美簡約風格。小易一聽，大大咧咧地脫口而出：「這種大眾牌子早就 out 了，沒啥品味。」這話一出口，一下把大家嗆得尷尬萬分，小易卻渾然不覺，兀自向眾人展示起自己的名牌皮鞋，絲毫沒有發現指導老師臉上不自然的神色。雖然都沒說，但那天以後，一切都發生了微妙的變化，之前安排給她練手的活都交給了其他人，重要事宜也都不讓她插手，提出疑問別人也愛答不理的。小易一下子被打入「冷宮」，成了電視臺最閒的人，時間充裕得只能坐在辦公室翻報紙。

小易覺得太不對勁，就偷偷拉住一個實習生打聽自己被排斥的原因。那個實習生瞅她一眼，冷冷道：「你到處炫富，還讓人難堪，誰還理你啊？」小易甚是不解：「我只是跟大家交流而已啊。」

在被冷落了近半個月後，小易實在沒轍，苦著臉找到上級，提出換指導老師的要求，「我一天到晚沒活幹，實在學不到什麼。」主管聽了火氣上湧，立刻教訓了她一頓，「作為一個新人，怎麼可以這麼心浮氣躁？你要做的是多

主動和老師溝通，而不是亂發言論、打擊別人！」只是無心之過，卻屢屢挨批，小易委屈不已，終於深刻體會到謹慎說話的重要性。現在她每天都很惶恐，生怕一不小心又禍從口出，再次遭遇四面楚歌的境地。

智者告誡我們：「群居防口，獨坐防心。」意思是說，與人相處時，要注意防止說錯話；一人獨處時，則要防止思想出現偏差。我們常常說為人處世要「謹言慎行」，如此小心謹慎，防的就是「禍從口出」。

有一天，孔子前去周天子的太廟祭奠，他看到廟裡立著一個銅鑄的人像，人像的嘴上封了三道類似封條的東西，原來這就是傳說中的「三緘口金人」。孔子虔誠地走向金人，拜閱了人像背部的銘文：「此銅像原是古代一位言語謹慎的聖賢之人。世人切要牢記，說話時候定要小心謹慎。人的那張嘴，往往就是通往禍患的大門。」

孔子看完後，深有感觸，轉身就對跟隨的學生說：「你們都記住了，這些銘文雖然淺顯易懂，但是卻深刻道出了做人的關鍵和要害。《詩》曰：『戰戰兢兢，如臨深淵，如履薄冰。』你們只要謹遵詩中所言那樣說話，就不會招來無端禍患了。」

小威大學剛畢業，在一家小公司做學徒，過慣了安逸的校園生活，剛踏入職場的小威每天被工作折騰得「只剩一口氣」。一個月下來，他已經滿肚子苦水了。

一天，他趴在辦公桌前唉聲嘆氣，同事看見了就隨口問他怎麼了。小威就像找到了一個排洩口一樣，向同事滔滔不絕地曆數一個月以來的「勞苦功高」：輪流給四個專科生同事當了一個月的「免費保姆」，功勞是別人的，苦勞是自己的；出去給老闆跑腿，滿身大汗不說，還要自掏腰包支付來回車錢；跟經理出去談業務，經理卻固執己見，不聽我的建議，這樣的公司真是難成

氣候……小劉一開口就如黃河決堤，完全沒顧慮這些話是否適合說出口，說出口後是否又會被主管知道。果然，之後小威多次在重大會議上被當成「反面典型」指名批評。

　　作為職場新人，剛到新公司就挑三挑選四，對什麼事都斤斤計較，這是一種得不償失的愚蠢行為。言多必然失，尤其是新人，更要少說多做。

> **小秘訣**
>
> 有三個人，上帝分別給了他們一個實現願望的機會：只要從懸崖上往下跳，同時說出願望，便可實現。於是，第一個人跳了下去，一直叫著：「金錢，金錢，金錢……」結果他得到了很多金錢。第二個人則喊著：「美女，美女，美女……」結果他也成功了。
>
> 見此，第三個人便得意忘形地也跳了，正要說出願望，誰知衣服被樹枝勾了一下，他立刻破口大罵：「Oh！Shit！」結果 —— 他一身糞便。
>
> 有時，鍛造人需要千萬句話，毀滅一個人卻只要一句話。職場新人，切忌信口開河。

2. 功高蓋主是短命的表現

　　不管你做出多大成績，都不能居功自傲，否則輕者招致他人妒恨，重者自斷筋脈，自毀前程。

　　秦末時候，韓信屢出奇兵助劉邦稱霸關中。後來，劉邦問韓信：「你認為我能統領多少士兵呢？」韓信說：「陛下統兵，最多不能超過 10 萬。」劉邦又問：「那你呢？」韓信說：「我當然是多多益善。」如此自負的回答，劉邦當然「念念不忘」。最終，韓信含冤被誅殺於未央宮中。

那些功高蓋主的人，一旦自表其功，必然招來滅頂之災，十有八九不會有什麼好下場。只有學會適時地功成身退，才能防患於未然。

漢宣帝時，渤海一帶連年災害，百姓難忍饑餓，紛紛聚眾起義，當地官員全都束手無策。於是，宣帝派龔遂前去安撫。年已七旬的龔遂仁慈厚道，鼓勵百姓墾田種桑，與百姓同甘苦共患難。經過他幾年精心治理，受災地區一改苦難景象，人民全都過上了安居樂業的日子，龔遂也隨即名揚四海。

漢宣帝知道後，馬上召龔遂回朝領賞。出發之前，一個姓王的小吏請求隨龔遂一同回朝，其他屬吏紛紛反對：「這傢伙，一天到晚喝得醉醺醺，又不務正業，千萬別帶他去！」但龔遂沒放在心上，讓這個酒鬼隨行。

到了長安，酒鬼終日沉溺酒肆，也不跟隨龔遂左右。可是，有一天，當聽說皇帝準備召見龔遂時，他便跑去對護衛說：「快去稟報我的主人龔遂，我有話要對他說！」

酒鬼一見龔遂就問：「天子一旦問起主人是如何治理渤海的，主人該如何作答？」

龔遂說：「我自是實話實說，仕人唯賢，各盡其職，賞罰分明啊。」

酒鬼聽了大搖其頭，「不行！不行！如此豈不是自恃其能嗎？到時，請主人這麼回答：這不是微臣的功勞，而是天子恩澤的庇佑！」

龔遂覺得有理，接受了這個建議，如此回答了漢宣帝。宣帝聽後，果然喜不自勝，給龔遂加官進爵，並安排了一份清閒的差事。

職場也有「政治」，自以為有功便忘乎所以是很危險的。被人比下去，是令人懊惱的事，尤其是你的上司，絕不會允許自己被人超過。

20 世紀 60 年代初，福特公司遭受嚴重危機，瀕臨破產。只是一名普通推銷員的李‧艾柯卡主動請纓，提出「野馬」系列方案。形勢逼人下，當時

執掌福特公司的福特二世接受了這個提議，決定死馬當活馬醫。

誰知，「野馬」系列一推出市場，立即一炮打響，不僅幫助公司擺脫了困境，還書寫了福特歷史上最輝煌的一頁。1970 年，大功臣艾柯卡被任命為總裁，成為福特汽車王國的第二號人物。自從「野馬」系列以後，艾柯卡每年都為福特公司賺取大把利潤，然而他行事張揚跋扈，目中無人。這令福特二世及其家族感到了不安和威脅。

1978 年，正當艾柯卡威風八面、意氣風發之時，卻突然收到了福特二世的解聘書。萬萬想不到的艾柯卡驚愕不已，如遭雷劈。

在《黃石公兵法》中有一個很智慧的思想值得職場人士去參詳，叫做「推恩施惠」。意思是說：有功勞時，要善於將功勞向上推；有利益時，則要學會施惠給下面的人。

身在職場，應學會收斂，對於功勞應安然處之，不要讓「功勞」變成一顆定時炸彈。「推恩」，既能避免功高蓋主，又能得到上司的重視與信任。你若處處與人搶功，上司必然認為你野心太重，日後必將難以駕馭。如此，不但不會重用你，還會抓著你的小辮不放。

小秘訣

如果你很「功高」，就務必遵循以下幾點以求「自保」：①工作態度要端正。②行為處事要低調。③不要越俎代庖，包括越級匯報或邀功。④不用自己所執掌的權力去實現私利。⑤遵紀守法，嚴格約束自己。

總而言之，才可居，但不可自傲；功可高，但不能蓋主。

---

3. 老闆不是問題的「終結者」

曾經有人這樣告誡自己的孩子：「無論將來從事何種工作，一定要全力以赴，一絲不苟。能做到這一點，就不用為自己的前途操心。因為世界上到處是散漫粗心的人，盡心盡力的員工始終是供不應求的。」

身在職場，我們總會遇到各種意想不到的問題和困難，它們接踵而至，無法迴避，卻又一時難以解決。當這些問題突然出現時，我們難免會手足無措。

然而，你不可能逐一請示上級該如何處理，更不能推託、逃避，去向老闆說：「抱歉，這份工作我力不從心，麻煩你把它交給別人吧！」如果這樣，你不得不捲鋪蓋走人了。老闆找你來是讓你解決問題的，而不是教你怎麼解決問題，更不是幫你去解決問題。記住，老闆絕不是你那些問題的「終結者」。

作為下屬和執行者，你所要做的就是自覺自願地接過那項工作，然後，自信果斷地告訴你的老闆：交給我吧，我會把它辦好！很多時候，老闆心知肚明，他們知道扔給你的那個包袱的重量，知道這個工作確實有點費時費力，而且很可能吃力不討好，但老闆難道會把這些問題留給自己嗎？他們所希望的就是，下屬可以付出智慧和努力，盡一切能力為他排憂解難。

其實，難題是一個挑戰，更是一個極好的表現機會。一個聰明人會從中看到自我成熟的可能，看到成功的階梯。一個人若想脫穎而出，就該做到別人做不到的，或者你能比別人做的更好的。

很久以前，在一艘遊船上，幾位來自不同國家的商人聚集在一起邊遊玩邊開會。當船開到一個特別的海區時，突然狂風大作，雷電交加。最可怕的

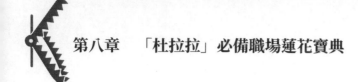

是船體出現了一個大漏洞，開始漸漸下沉。船長了解清楚情況後，當即命令他的大副馬上去統籌安排，讓這些商人趕快穿上救生衣，跳到海裡求生。

過了幾分鐘，大副快快地回來報告：「船長，事情太棘手了。那些商人來自不同國家，非常固執己見，根本不聽勸告和指揮，沒一個人肯往下跳。您看該怎麼辦好呢？」船長聽了很不高興，正要發火，一個小水手對船長說，「要不讓我去試試吧？說不定能做點什麼。」船長點頭應允了。

又過了一會兒，小水手回來了，輕鬆地向船長報告：「船長，他們已經全跳下去了。」

大副聽到了非常訝異，「你是怎麼讓這樣一群形色各異的人都聽從你的指揮？」

小水手笑著說：「讓所有人全都聽從我的指揮，我當然是辦不到的。我是從心理學角度上考慮的，應付不同國家的人，相應採取不同特點的勸說方法是最好的。我先對英國人說，這是一項了不起的體育競技，於是他勇敢地跳下去了。我又對法國人說，這其實是件瀟灑而浪漫的事。對德國人，則只需告訴他：這就是命令。最後，我對義大利人說，這是基督徒應該做的行為。」

「那美國人呢？他們可是死硬派。」大副補充了一句。

「我對他說，放心吧，你已經被買了保險。」小水手意味深長地說。

在工作中面對困難時，你是大副還是小水手？你是輕易放棄呢，還是積極尋找解決方案？如果你是船長，我想也會從這件事中明白誰是真正的好員工，誰是真正能解決問題而不是「提出」問題的人。

車到山前必有路。當你遇到問題一籌莫展時，千萬不要妥協後退，也不要坐以待斃，而要積極行動起來，要相信：不僅山前有路，而且一定有很多很多路，它們只是被隱藏了起來，你要善於去發現，並找出最佳路徑。有問

題自然就會有方法解決，沒有趟不過去的河，也沒有翻不過去的山。

> **小秘訣**
>
> 如果你在公司中是一個有用的人，有價值的人，必然會遭遇到一些難題，這些難題正表示著老闆對你還抱有期望。
>
> 那麼該如何沉著應對問題呢？首先，要冷靜！冷靜地思考問題，剖析它，搞清來龍去脈和問題關鍵，絕不放過任何一個細節，最後，找出每一個可能會使難題豁然開朗的突破口。

4. 無效率等於沒工作

從前，有一個好色的國王，看上了一個下等平民的美麗妻子，國王既想占為己有，又怕有失風度，於是派人把這個平民「請」到王宮來，令他親自完成一件「簡單」的事情，完不成就得重罰，還得賠上夫人。

這個任務就是：三分鐘內，在一個只能同時烙兩張餅的小鍋中，烙出三張餅，而且每張的兩面都必須烙得金黃，每面都要烙夠一分鐘。按照常規，達到這些要求最少需要四分鐘，很明顯，這是絕對不可能完成的任務。

可是，平民並沒有被這件任務撂倒，他聰明地改進了工作方法。他先把兩張餅放在小鍋中烙，一分鐘後，把一張翻面，另一張盛出，換烙第三張。又過一分鐘，把烙熟的一張盛出，另一張翻面，並把第一次盛出的那張放回鍋裡。就這樣，很簡單，三分鐘，三張餅全烙好了。

這個平民用最高的工作效率，不僅救了自己的妻子，更完成了別人覺得不可能的工作，這個故事說明了效率意識的重要性。在現代職場中，一旦沒有效率，就將失去工作。

Tom 透過家人幫助，順利坐上了一家外貿公司副經理的位置，新官上任，每天忙進忙出。雖然，他做事手腳還算快，但他仍覺得事務太多，時間不夠用。

一天早上，他和往常一樣，走進辦公室，一看到桌上那一摞摞文件，頭就嗡嗡響。雖然現在他已經是副經理了，但是工作還是要全部親自完成。他無奈地坐下，認真仔細地審閱著文件。剛看了沒多少，祕書敲門進來，報告道：「經理，外面有位客人等著見你。」Tom 仍一頭埋在麻煩的工作中，頭也不抬，輕描淡寫地說：「讓他在會客室稍等片刻，我馬上過去。」

大約過了一杯茶的功夫，Tom 才匆匆走進會客室，只見客人臉色陰沉，正煩躁地在大廳裡來回踱步。Tom 馬上堆起笑容抱歉道：「真不好意思呀，今天實在太忙了，半天才抽出時間。您久等了！」

客人聽了這話，頓時火冒三丈，他惱怒地說：「既然您公務纏身，我們還是改天再談吧！」不等 Tom 說話，這位客人轉身就走了，Tom 茫然地看著客人的背影，無奈地聳了聳肩。

第二天一早，Tom 沒有如往常一樣出現在辦公室，因為他昨天的行為使公司失去了一單幾萬美金的大生意！他已經被公司辭退了。事已至此，Tom 後悔不已，這才想起了公司裡的一句管理條例：「時間就是金錢，凡是本公司職員一律守時，不得遲到或早退，要按時完成各項任務，要妥善安排時間，即使是最小的細節，也須在日程表中列出並付諸行動。」

其實，Tom 並不是真忙，只是瞎忙，因為他沒有合理安排好時間，沒有分清事情的輕重緩急，沒有全局統籌的思想，只會消極應對工作。他這種沒有時間觀念的行為，是對客戶的不尊重，沒有任何一個人願意和浪費時間的人合作共事。如果 Tom 能在事前先給自己制定一個詳細的工作計劃，按照

工作性質和重要性有序進行，這樣便能大力提高效率，就不會失去那筆大生意，也不會失去這份來之不易的工作了。

看看，現實中，有多少人每天坐在辦公桌前矇混度日，到頭來業績平平，一事無成呢？時間，這個平淡無奇的東西，人們雖然知道它的重要性和寶貴性，卻總是無意識地輕視它，毫無節制地浪費它。最後吃到苦果了，還反過來怨恨時間，好像時間就是罪魁禍首，一切都是因為時間沒給你「打個招呼」似的。最後，時間就成了你沒有效率的替罪羊。

沒有效率等於沒有工作。在做任何工作前，你都要為自己設計出一個時間方案，並留出一定的時間餘地，以備不時之需。如果 Tom 做到了這一點，也不至於落得如此下場。很多成功人士都很善於安排設計自己的時間，從而有序有效地工作。因為一旦計劃無序，就將面臨人生敗局。

小秘訣

忙，就說明工作量大，而要提高效率，就要走好這一步路 —— 時間管理。

工作效率 = 工作數量 / 工作時間

按照杜拉克時間管理法，要管理好時間，第一步，記錄時間。每一天，做每件事，所花費的時間是多少？第二步，統計分析。你的時間使用情況是否合理？第三步，改善方法。如果能堅持做一個月的時間記錄，你就能找到方法！

---

5. 讀懂別人的心

朱元璋雖貴為帝王，卻是窮苦平民出身，這一點一直讓他耿耿於懷。尤其是自從當上皇帝後，原先的那幫窮街坊都一個個登門造訪，有要錢的，有

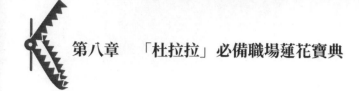

要官的，還不合時宜地兜出一點他發跡前的爛根破底，弄得他很沒面子。

一天，朱元璋正和文武百官在大殿上議事，忽報「有皇上故人求見」。一聽「故人」二字，朱元璋心裡頓時愁腸百結：之前好不容易將這幫人全都打發走了。今天怎麼又冒出一個「故人」來，這「故人」葫蘆裡賣的又是什麼藥呢？

礙於眾目睽睽之下，朱元璋只得吩咐請「故人」上殿。只見一個五大三粗，一臉橫肉的漢子來到殿前。那人上了殿也不知下跪，只是盯著朱元璋從頭到腳地看，還頻頻點頭。

與此同時，朱元璋也認出了對方：所謂的「故人」，只是當年一起放牛的牧童而已。文武百官只知他乃真命天子，出身自是高貴，不容置疑，沒想到他曾當過放牛娃。

朱元璋正在盤算如何堵住「故人」的嘴時，「故人」偏偏哪壺不開提哪壺：「小獐子啊，還記得我不？當年我們一起放牛的日子，你該不會忘了吧？」

文武百官一聽，立即來了精神，個個豎起耳朵。這一來，這莽漢更起勁了，滔滔不絕：「記得那次不？我們幾個聚在山下，用沙煨罐煮蕃薯吃。當時，山上碰巧有兩頭牛鬥架，一用力把一塊巨石踢下了山。眼看那石頭朝我們滾來，大家都嚇呆了，愣在原地動彈不得。千鈞一髮之際，石塊停住了，原來是被一根粗壯的老葛藤給絆住了。要不然，我們全玩完了……」

「大膽莽漢，竟在此妖言惑眾！給我打入死牢！」朱元璋忍無可忍。

「你這傢伙，當了皇帝就六親不認了！我……」沒等說完話，那漢子已被架了出去。為了防止再次發生類似的糗事外揚，朱元璋祕密處死了那漢子。

本以為這段家世可以塵埃落定了。誰知沒過幾天，又有一位「故人」上門。此人長得短小精悍，舉止謙卑有禮。朱元璋一眼就認出他也是那場「石

頭禍」中的一員。正要打發他走，那人卻尊敬地向朱元璋拱手作揖，並說道：「陛下，當年您出生入死，如今上天眷顧，位列九五之尊，真是令人感慨萬千啊。」

「皇上當年如何出生入死？你不妨說來聽聽。」丞相看到朱元璋神情漸喜，便順水推舟。

「那我就說說那場著名的『沙煨陣』之戰吧！當年，我們在山下擺開沙煨陣，敵方的牛將軍勇猛無敵，我方的石將軍不勝強敵，敗下陣來，頓時危機重重。幸好半路殺出一個葛將軍，救了我們大家。要不是葛將軍出奇致勝，我們的沙煨陣早被敵軍給破了……」

「是啊，那時可真是兇險萬分啊！」朱元璋附和著說，「難得你還念念不忘。這樣吧，你就先到國史館去，負責當朝史志的編撰吧！」這位「故人」就此升官發財。之後，福及子孫後代。這就叫做：魯莽漢直言丟性命，聰明人隱喻得榮華。讀懂上司的心思，注意時機和場合，把話說得妥當，必然前途無量。

有一家公司剛招了一批新人，在公司舉辦的見面會上，老闆特意親自逐一點名認識。「王華！王華？」老闆叫了兩遍，都沒人應答。過了一會兒，一個員工怯生生地站起來，摸著腦袋說：「老闆，我叫王燁，不叫王華。」

人群中隨即發出一陣低低的竊笑。老闆的臉色一下變了，表情很不自然。這時，一個虎頭虎腦的小夥子站了起來，說：「報告老闆，對不起，是我不小心把字給打錯了。」「太粗心了，下次注意哦。」老闆輕鬆地揮了揮手，繼續唸下去。不久，那個「打錯字」的小夥子被升為行政部副經理，叫王燁的員工則被炒了魷魚。你可能認為，這個老闆程度不高，那個小夥子也只是在拍馬屁。但是，這就是職場。任何一個人都有知識欠缺，犯錯、出洋

相都是正常現象。如果王燁當時機靈應答，事後再去巧妙糾正，也就不會損害老闆的面子了。讓老闆尷尬，只會日後令你自己更尷尬。作為下屬一定要讀懂老闆的心，否則，做事都撞在槍口上，這必然會造成你事業上無法彌補的遺憾。

小秘訣

有時，讀懂老闆的心比你拚命做好工作更為重要。怎麼做才能讀懂老闆呢？可以從三方面著手：①老闆的核心價值觀。老闆最在意什麼？守時？勤儉？效率？找出這個價值觀，並隨之調整工作態度。②洞察老闆的情緒反應。什麼事會讓他生氣？什麼事會讓他高興？學會見機行事，投其所好。③掌握老闆的溝通模式。溝通是互相了解和解決衝突的唯一橋樑。

---

6. 辦公室笑談「雷區」，切勿捲入

　　不管你是職場新人還是職場老闆凳，千萬不要在辦公室肆無忌憚，無話不談，你要知道這小小的方寸之地，暗藏著很多若隱若現的「雷區」，你必須謹言慎行，繞道而行，否則，一旦引爆，非死即傷。

　　小菊是個嘰嘰喳喳喜歡聊天的女孩，她從沒覺得「愛說話」是什麼不好的事，直到有一次她終於嘗到了苦頭。一天，她去財務部找小麗報銷，見辦公室沒人，就隨意地掃了眼桌子，不經意間發現了一張手機費報銷單據，那是整整三個月的話費。不看不知道，一看嚇一跳，報銷金額足有 3000 多元！上面赫然顯示著總經理「準予報銷」的簽字。

　　公司裡無人不知員工每月的話費補貼一共才一百元，而小麗一個小小的出納，竟然一次報了這麼大筆「巨款」，並且還單獨報銷！小菊頓時滿腔憤

怒，覺得實在太不公平了。恰好這時，小麗回來了，見小菊在看那張單據，便立刻尷尬地收了起來。

「待遇相當不錯嘛。」小菊諷刺道。「哪兒的事，大家都一樣。」小麗忙回答。小菊心裡暗想：「哼，真虛偽，還給我裝傻。」

因為小麗的「不誠實」，小菊更不高興了。沒幾天，辦公室裡的人全都知道了這件「醜事」，一時間鬧得沸沸揚揚。終於有一天，小菊被叫到總經理辦公室，驚愕地收到了辭退信。大家一下都不敢議論了，怕牽連自己。

不久後，小麗也辭職了，臨走前跟大家說了實話。原來，小麗只是掛名而已，那個手機號和話費的真正主人是總經理夫人。老婆花老公的錢，這麼一件芝麻綠豆的小事，卻被全公司鬧談，總經理自然惱羞成怒。

在公司裡，你如果什麼事都較真，什麼事都要公平，什麼事都要擺到桌面上說，什麼事都要公之於眾，那麼，你不是找碴，就是自討沒趣。

雅尼是剛來公司的新人。為了給新來的同事接風，下班後，公司同仁一致決定出去吃大餐，地點選在一家高檔的粵菜館。一路上，同事們都很活躍，還開起了一個同事的玩笑，哄笑他的襯衫和髮型搭配不當，沒有品味。

點菜時，自稱「粵菜專家」的同事 Jake 一上來竟要了一道普通的「番茄炒蛋」。為了快速融入團隊，與同事們打成一片，於是，雅尼也學著剛才同事們那樣開玩笑，自以為很幽默地笑著說了句「沒有品味」。話一出口，一下全場都「倒」了，大老闆也面露菜色。

事後，雅尼這個菜鳥才知道自己犯了什麼「無心之失」。原來，大老闆是美國人，番茄炒蛋是他在中國最喜歡吃的一道菜，雅尼那句話不正是當所有人的面得罪了大老闆嘛，同時，也弄得 Jake 很尷尬，因為她把點菜這事挑明，似乎是在向大家影射：Jake 在拍老闆馬屁呢。雅尼懊惱不已，明白了在

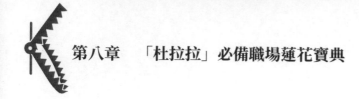
老闆面前開玩笑一定要三思而後行。

在職場，如果看見一件事完全不符邏輯，而所有人又都無視它，那你一定要特別小心了，它的背後定然有你所不知的隱情。這時，千萬管好自己的嘴，避免誤入「雷區」。

那麼，如何避免捲入辦公室閒談的「雷區」呢？你要注意以下幾點：

（1）聽人是非

當你聽完是非，一旦做出任何言語上的反應，都將使你也捲入這個是非，成為棋局中的一顆棋子，如此，便很容易遭有心人士的利用。

（2）說話太多

有些人總喜歡在任何場合都滔滔不絕地發表意見，自以為很健談，其實是在自惹禍患。不要別人說一句，就跟上十句。所謂言多必失，在老闆面前更要警惕。

（3）與人辯論

有些人總愛辯駁，一定要勝過別人才肯善罷甘休。雖然口頭上贏了，但其實你卻損害了別人的尊嚴。一旦對方記恨在心，說不定哪一天你就被擺一道。

（4）散播謠言

不要無意中成為那個「放話」的人，任何閒言碎語都要收起來，一旦你成為「攻擊」者，必將招人嫌惡。謠言，就像高分貝噪音，影響人的工作情

緒。要懂得口碑是金。

（5）當眾炫耀

與人分享是件快樂的事，但如果涉及工作上的訊息，就絕對不要拿出來當眾炫耀。讓別人眼睛發紅，絕對不是明智的事。只有低調，才不會遭人嫉恨。

> **小秘訣**
>
> 在辦公室，談天交流是正當的行為，但切記不要過分鬧談。說話前，先讓話在自己心裡過一遍，觀察場合和時機。三思而後行，情願少說一句，也不要多錯一步。潔身自好，謹言慎行的人才能成就大事。

7. 聰明的人，言行舉止有分寸

聰明人，往往言行舉止，握有分寸，他們知道什麼話能說，什麼話不能說，什麼事能做，什麼事不能染指，他們總是能把老闆收得服服帖帖，把事辦得舒舒服服。我們都知道，曹操最熱衷的一件事，就是蒐羅人才，可是如此一個愛才之人，為何偏偏容不下一個小小的楊修呢？楊修不正是一個才智過人的將才嗎？其實，一切只因楊修恃才傲物，不知收斂，行為舉止有欠分寸。所謂，聰明反被聰明誤，說的就是他。

讓我們來看看，楊修是如何因為「不懂分寸」，而一步步把自己陷入萬劫不復之地的。

一次，花園木匠新做了一扇門。曹操見了，便在門上寫了一個活字，眾人都不解其意。楊修卻自以為是，不知分寸地點破其中奧祕，稱門中寫活，

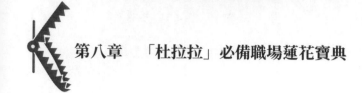

就是「闊」。曹操表面上雖然誇獎了楊修，心裡卻抑鬱難平。被下屬楊修搶盡了風頭，曹操自然心生不滿。

之後，曹操又弄出「一盒酥」的文字遊戲，結果又被楊修給破解了。作為老闆，雖然喜歡精明能幹的下屬，但是怎麼能容忍下屬目中無人，在眾人面前超過自己呢？如果僅僅是揭祕諸如「闊門事件」和「一人一口酥」等無傷大雅的小事，那也就算了，最多心裡不痛快幾天。可當楊修沒遮沒攔地揭穿曹操「假寐殺人」的事情後，曹操開始有了殺他之心。

作為團隊中的一員大將，楊修的義務是，全力維護曹操的權威，以樹立高大領導者的形象，而不是不知分寸地把老闆「踩在腳下」。

當然，作為一個胸懷遠大抱負的老闆，以上那些事雖然讓曹操氣不打一處來，但還不至於到「非殺不可」的地步。楊修最不該的是，在立嗣事件中，不識時務地捲入曹丕和曹植的「奪嗣之戰」，不知死活地觸犯了曹操的根本利益。

曹操為了讓自己的事業得以延續下去，在選擇接班人的問題上慎之又慎，煞費苦心地對兩個兒子進行了各種能力測試。楊修自以為是地認為，曹操必會傳位於曹植，便自己投下政治賭注，上了曹植的權鬥之船，為其出謀劃策，還親自出馬對付曹丕。這下，曹操更加怒不可遏了，甚至還遷怒於曹植。當曹操宣布立曹丕為世子後，也就注定了楊修的悲劇下場。

為了維護團隊的穩固，為了掃清曹丕以後的政治道路，曹操開始耐心等待一個能名正言順殺死楊修的機會。不久，楊修隨曹操出征蜀國，當時正處於進退兩難的境地，曹操傳下「雞肋」口令。為免退兵時慌亂，自作聰明的楊修便指揮軍士提前收拾行裝。這一舉大大動搖了軍心。曹操聽聞後勃然大怒，終於以「雞肋」為藉口殺了楊修。

前車之鑑，後事之師。身在職場中，要想免招「殺身之禍」，也須謹言慎行，舉止得體，懂得分寸。

小張畢業於一所名牌大學的財務管理專業，工作能力非常強。有一次，他被派到集團新開的一家分公司指導財務工作，由於分公司籌建不久，帳目比較混亂，而小張正好是這方面的專家。集團給他的定位是負責指導財務工作，但由於財務工作常常要和各個部門打交道，小張覺得自己是集團派來的，說話做事的語氣就像是總指揮，這讓分公司管理層的人很不舒服。

平心而論，分公司的財務工作在小張的指導下，很有起色，集團長官也給予很高的評價。

這本來是件好事。可他卻逢人就說，這個地方以前多麼多麼亂，他來了以後，做了多少多少工作，現在才走上了正軌。說得多了，聽的人就覺得他這個人愛炫耀，沒有涵養。年終總結的時候，小張把這些寫進了報告裡，集團長官看了，心裡很不舒服。他的報告，無形中是在指責集團長官以前的工作做得很不怎麼樣。長官微笑著對他說：「如果這個地方一切都很正規了，我們還需要花這麼高的薪水聘你來嗎？！」

小張說話做事過於張揚和誇耀自己，他的本意是想博得集體長官的賞識，但結果卻適得其反。雖然他的工作能力很強，可是公司上下對他的評價卻很差。後來，小張的勞動合約到期後，人事部便以「缺乏團隊精神」為由，請他「另謀高就」。

古人曾說，做人應該「虛心實腹」，意思是說：肚子裡的貨色要多多益善，才情越多越好，但是待人接物的態度卻是要越虛心越好。因此，不管是朋友之間、同事之間，還是夫妻之間，都不能忽視言行舉止的分寸。

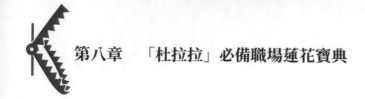

小秘訣

孔子說：不學禮，無以立。

孟子也說：君子以仁存心，以禮存心。仁者愛人，有禮者敬人。愛人者，人恆愛之，敬人者，人恆敬之。

他們說的都是一個人的禮儀舉止，要得體得當。當你在職場中，即使你的能力再強，也不能恃才傲物。只有對老闆不卑不亢，跟同事和睦相處，與人為善，禮貌周到，不「口出狂言」，不「行為不端」。自然，就能成為一個有分寸的人。

---

8. 繼續往「錢」奔

在法國，曾經有一位很窮的年輕人，他不甘貧困，非常努力地工作。不到 10 年，就一躍進入法國富翁 50 強之列，成為一位鼎鼎大名的大亨。可惜，他因患上癌症，不久後便過世了。

去世後，他的一份遺囑引起了法國乃至整個歐洲的轟動。在這份遺囑裡，他說：我曾經是一個窮人，最後卻以一個富人的身分離開了這個世界。如今我留下了自己成為富人的一個祕訣，誰若能回答出「窮人最缺的是什麼」，猜出這個祕訣，他就能得到我的祝福。我私人保險箱內的那一筆巨款，將被用來回饋你的睿智，歡迎各位來揭開貧窮之謎！

遺囑一經刊登後，陸續有 48561 個人寄來了各自的答案。這些答案，五花八門，無奇不有。其中最多的一個答案，就是「錢」，大多數人都認為，窮人只要有了錢，就不再是窮人了，也就是說「錢」是窮人最缺的。當然，另有一些人覺得，窮人是因為沒有富的機會才窮的，窮就窮在背運上，所以

缺的當然是機會。又有一部分人認為，因為缺少一技之長才會窮，才不能致富。各種答案層出不窮：最缺的是幫助和關愛、是相貌和才華、是名牌衣服、是高學歷、是高職位等等。

很快一年過去了，在富翁逝世的週年紀念日上，祕密終於即將公之於眾，在人們殷切目光的注視下，律師打開了那個神祕的私人保險箱，那個糾纏人們一年的祕訣展現了：窮人最缺少的是成為富人的野心！

在所有人中，只有一個人答對了，幸運兒是一位年僅9歲的小女孩。一個年紀這麼小的女孩是如何「眼光獨到」，想到這個答案的呢？原來，每次女孩的姐姐把自己的小男朋友帶回家，總會警告女孩「不要有野心！不要有野心！」於是女孩想，野心也許可以讓人得到所有自己想得到的東西。

窮人最大的弱點就是缺乏致富的野心。所謂人窮志短，說的就是窮人總是缺少遠大的志向。如果一個人沒有敢於追求人生財富的大志向，從不全力奮鬥，那麼就永遠只能在一個小職位上默默無聞一輩子，就永遠不可能成為一個物質和精神上的「富人」。

要做一個「見錢眼開」的人，永遠向「錢」奔跑。這裡的錢也許是一個你夢寐以求的職位，也許是一個你從小就想要實現的理想，也許是一個讓自己的人生更有價值的機會，也許只是為了積累自己的物質財富。不管是哪一種，你都要抱著「野心」，然後再「不擇手段」地實現目標。

羅雲小時候很窮，那時候她最大的夢想是能擁有一座屬於自己的大房子，過上衣食無憂的好日子。在她中學的時候，她的腦袋裡經常有一個聲音不斷地叫喊「我要做老闆」！於是，羅雲決定聽從這個聲音，到處拜師學藝，學習如何做生意。經過一段時間的學習，她嘗試著做了第一筆生意，雖然最後賠了幾千塊錢，但是卻增加了經驗。她很快把虧損的錢還上，立誓不再犯

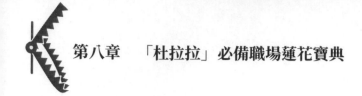

同樣的錯誤。

羅雲總結了教訓，覺得做生意的關鍵是要有客戶。所以她決定先找到自己的客戶，然後按需供應。一次偶然機會，她獲悉有一家大公司正急需一批家具，於是她毛遂自薦說，自己能提供貨源。然後，她馬不停蹄，到處尋找合適的家具廠。最後功夫不負有心人，這筆生意竟被她談成了，一下賺了幾萬塊錢。那時她才 21 歲。出師大捷的羅雲信心大增，越戰越勇，於是她又有了更大的目標：去闖北京！

最後，羅雲在北京白手起家，摸爬滾打了兩年後，賺到了人生的第一桶金，從此走上了創業致富的道路。而這條路遠遠高於她小時候的那個小「理想」。

很多富人在創業的初始階段，僅僅是為了更好地生存，或是賺到更多的錢。但等到自己的天地真正開闢後，最終推動他們向前進的是強烈的致富慾望和求勝心。他們會一如既往地向「錢」奔，而此時，此「錢」的意義已經變得更加深遠。裡麵包含了人生經驗、人生價值和人生理想。

很多人心裡可能都有「我要做老闆」的心聲，只是早早地被自己打壓了下去。為什麼當你聽到別人談到人生財富和理想時，總會覺得很遙遠，很虛無，覺得只是一種「遙不可及」，其實這是因為你還沒有找回那顆想要成功的「野心」。

你若真心想要達到目的，職場上的一切障礙都只會成為見證你成功的基石。

> **小秘訣**
>
> 致富心理是讓你走向成功的原動力。一個人有了野心就會有目標，有了目標才會產生動力。這樣，才會在動力的推動下全力以赴地闖蕩職場江湖。不論你從事的是什麼工作，不論你有什麼特長，不論你在公司是何種地位，只要你激發和培養自己的致富野心，就能發生奇蹟。

9. 學會理財，財才會來

「月光族」曾經一度成為職場新人的代名詞，在大家眼裡，這些人對金錢往往沒有任何掌控力，「瀟灑的生活方式」帶來的更多是捉襟見肘。對於「月光族」來說，理財，總是顯得有點遙遠，他們擅長的是「花」而不是「理」。口口聲聲說無財可理，其實只是因為不會理財。理財也是一種「花錢」，只要學會正確地「花錢」之道，財自然會來。

理財規劃不是有錢人的專利，也不是必須有高收入才值得理財。沒有人會說當你修成「百萬富翁」或者錘煉成「白骨精」才能去考慮理財。若想掌握理財訣竅，速成理財高手，那麼，你必須養成這七種理財習慣。

習慣一：記錄財務狀況

只有對自己的財務狀況足夠了解，才能有針對性地做出改變。只要你持續、有條理、準確地記錄，便能看見理財計劃的雛形。在制定一份合理的理財計劃之前，詳細摸清自己的收支狀況是必不可少的。一份行之有效的記錄可以幫助你：①自我評估所處的經濟地位。這是制定理財計劃的基礎；②有效改變現有理財行為；③關注每一次接近目標的進步。

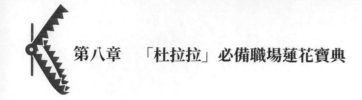
於此同時，在記錄的基礎上，建立一個記錄檔案對於做好財務是很有必要的。這樣你就可以隨時知道收支、花銷、負債等訊息情況。

習慣二：明確價值觀和財務目標

當你明確自我價值觀，並深入剖析後，自然就可以清醒地確立財務目標，使之更清晰、更真實、更具可行性。一旦失去目標和方向，誰都將失去做出正確估算的能力。當沒有足夠的內在理由來管束自己時，你就不能達到自己所期望的那個財務目標。當然，為了更好地實現財務目標，你也可以不斷完善自己的財富觀。

習慣三：關注個人淨資產

一旦把經濟記錄做得清楚明瞭，那麼你就很容易知道自己的淨資產是多少。為什麼一定要隨時關注淨資產呢？因為，只有當你自己清楚每年的淨資產，掌握自己又朝目標前進了多少後，才能得到鼓勵，才能自我督促。大多數理財專家，正是透過「淨資產」來計算自己財富的。

習慣四：了解收入和開銷的流向

那些花錢沒節制的人，總是不太清楚自己的錢是怎麼花掉的，有時甚至搞不清楚自己到底有多少收入。當這些最基本訊息都成了一個個問號時，那要如何制定出預算呢？又如何以此去合理安排錢財的花費呢？如果你對於什麼地方該花錢，什麼地方該收斂始終是一頭霧水，你也就很難在花費上做出合理改變。

習慣五：制定預算，並嚴格實施

「擁有的財富」並不是指你賺了多少，而是指還存有多少。一說到做預算，很多人就覺得頭疼，不僅枯燥、煩瑣，而且有點太「故作姿態」了。但

是制定預算實在很重要，在日常花費的點滴中，預算可以讓你輕易找到大筆款項的去向。並且，一份名目清晰的預算，對實現理財目標大有助益。

習慣六：削減開銷，適當投資

剛開始理財的時候，很多人會抱怨自己根本拿不出多餘的錢去投資，從而無法實現財務目標，這其實是藉口。誰說只有憑藉大筆投入才能理財呢？削減日常生活開支，從點滴處節省，即使是微小數目的投資，也可能帶來意想不到的財富。長期的投資，才能得到明顯的複利。儲蓄和投資帶來的巨大利潤，只有等到積累一定時間後才會顯見。開始得越早，存得越多，利潤增長得也就越快。

習慣七：強制保險，保障未來

商業保險是職場人士為保障未來而應該首選的理財產品。總有人以為保險只有投入，卻見不到利益，或者即使獲利也是遙遙無期。其實保險也是「投資」的一種，但同時又具備著不同於投資的重要作用。一旦你發生意外，就該保險出馬了。

小秘訣

戒掉一種習慣和養成一種習慣，都是很困難的事，而這也正是實現理財目標的難點。養成了良好的理財習慣，才能在財務上實現真正的成功。
理財，絕不是爆發型的「百米衝刺」，而是需要耐力和恆心的「馬拉松」！

---

10. 職場「低能兒」該如何光榮綻放

在職場中，天賦異稟之人永遠是少數，如果你只是一個普通的職場「低

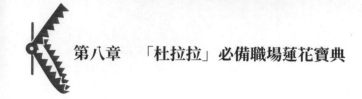

能兒」，那麼該如何異軍突起，光榮綻放，贏得最後的勝利呢？

蛻變法則一：改變！改變！改變！

如果你不想成為職場中那個永遠的「低能兒」，就不要害怕改變。改變，意味著你將脫離熟悉的狀態，然而你也就此擁有了一個全新的機會，一個推翻過去的機會。

桑得斯上校是一名退役軍人，他一生都在尋求改變和突破：消防員他當過，保險他賣過，輪胎他補過，加油站他也開過……到了66歲那年，在別人眼裡，他只是一個每月領取105美元生活保障的普通老人，然而，這一年，不服老的桑得斯開起了速食店 —— 於是，世界上第一家肯德基出現了，從此，這個老頭的微笑頭像出現在世界各地。如今，沒有人會質疑這絕對是一項成功的投資。

有一個這樣的說法：沒有破產過三次以上的投資家不是優秀的。因為唯有歷經失敗，仍然不畏改變的人，才能成為最後的贏家。

蛻變法則二：動起來！讓老闆注意到你

青蛙的眼睛只能看到運動中的物體，這是一個科學常識。其實，這個常識也可以運用到職場中。老闆就像青蛙一樣，他們具備同樣的特性：如果你不「動」，老闆就難以發現你的存在。所以，在老闆面前，要隨時保持行動姿態。

就算你通宵趕工把計劃書寫得百裡挑一；就算你每天加班超額完成工作任務；就算你夜不歸宿把辦公室當床鋪，你也絕對不可以在老闆面前放慢腳步。不管老闆如何心知肚明，只有當他親眼看見你投入繁忙工作中時，才會感到切實的「安慰」。所以，工作完成後，別急著沾沾自喜，別停下你行動

的姿態。

辦公桌上那份完成一半的文件；貼在電腦上的色彩斑斕的日程表；你高高捲起的袖子；你投入的表情，這些都讓你看上去很「實幹」。

別總是躲在小小的格子間裡瞎忙活，請始終和老闆保持溝通，讓老闆切實注意到你，切實了解你的想法，切實知道你在行動。

蛻變法則三：樹立個人品牌

競爭不可怕，可怕的是自己沒有精湛的職業技能，沒有獨具特色的工作風格，沒有不可代替的個人價值。那麼，如何在職場風浪中穩坐釣魚臺，成為雷打不動的「不倒翁」呢？方法只有一個：樹立個人品牌。

湯姆・彼特斯，這個極負盛名也極具爭議性的作家，曾提出過一個全新理論：「Brand You.」他認為，職業生涯中，我們每個人都是 CEO，任職在一個叫做「Me」的公司，最大的使命就是把「You」這個產品，打造成職場獨一無二的品牌。從現在開始，你要充分認識自我，制定一份清晰的品牌推廣方案，然後，將自己視作一個產品去經營，一點一滴樹立起自己的品牌內涵。

蓋樂普曾說：「每個人都有那麼一件事情，做得比一萬個人都好。」作為一個準備被大力推廣的「品牌」，你要先明白個人優勢，然後不斷強化這個優勢，這樣才能讓你成為職場中的領先「名牌」。

蛻變法則四：打造了不起的公關技巧

傑出的公關技巧是樹立個人形象的優質潤滑劑，它是職場成功人士必備的技能。公關的第一要素是：善待他人。

在變幻莫測的職場社交圈中，沒有永遠的朋友，也沒有永遠的敵人，更

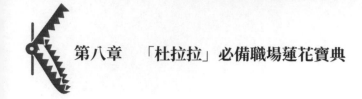

沒有恆久不變的位置。那個你無意得罪的客戶可能會是你下一個老闆；被你呼來喝去的下屬也許搖身一變成了頂頭上司。所以，在個人品牌形象上，你要時刻貼上「謙和敦厚」「知書達理」的標籤。

　　另外，搞公關最好別在辦公室。那些非正式場合才是溝通交流的最佳場所。非正式場合下，人們通常更輕鬆自如，更容易放下戒備之心。Tom 搭電梯時遇到老闆，只花了 20 秒就打敗了對手：「昨天，我抽空看了公司的產品專櫃，顧客反響都不錯，但銷售不太好。市場部門的宣傳單欠缺針對性，我個人認為還有提升的空間。」從這幾句話中老闆可以看到 Tom 在積極工作，拿到了第一手資料，發現了問題，還提出了建議。非正式場合的片刻交談可能比一個小時的會上匯報更有收益。

小秘訣

職場中，沒有絕對的上司，也沒有絕對的下屬，更沒有絕對的「低能兒」，不管你的「職商」多低，只要你給自己一個全新的蛻變機會，就會有一個不一樣的職場人生等著你。

改變自己，推銷自己；低調做人，高調做事；打造完美個人品牌，掌握傑出公關技巧。做到這些，職場「低能兒」必然破繭而出，精彩綻放。

第九章
你的職場細節 —— 無價之寶

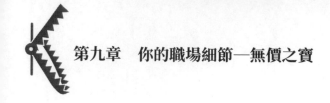

1. 真誠讚美，事半功倍

從前，有一位理髮師受命為一位當朝宰相理髮。由於對方是大人物，所以理髮師心裡難免緊張，結果修到一半的時候，發生了一個可怕的意外：他竟錯手把宰相的眉毛給剃了。

這下該如何是好？理髮師嚇得直冒冷汗，任何一個顧客碰到這種事都會火冒三丈，何況是一個位高權重的宰相呢？一旦怪罪下來，自己肯定會吃不了兜著走！

江湖經驗豐富的理髮師趕快讓自己冷靜下來，思考脫困良策。他急中生智想到了一句話：盛讚之下無怒氣。隨即，只見他扔掉修面剃刀，彎下腰兩眼直勾勾地盯著宰相的肚皮瞧，彷彿他能把五臟六腑看個通透似的。見理髮師這等摸樣，宰相完全不知道他葫蘆裡賣的什麼藥，便大惑不解地問：「你不好好修面，光盯著我的肚皮看，意欲何為？」

理髮師故意裝出一副懵然無知的樣子，說：「大家不是都說『宰相肚裡能撐船』嘛，但大人的肚皮怎麼看都不大呀，如何就能撐船呢？」

宰相聽完，笑得前俯後仰：「這話意思是，做宰相的氣量比一般人大，不計較任何小事，能容人所不能容。」

理髮師一聽這話，立刻「撲通」一聲跪倒在地，聲淚俱下道：「小的該死，方才修面時失手刮掉了相爺的眉毛！相爺氣量大，饒過小人吧！」

宰相一聽氣不打一處來：沒了眉毛，叫我往後如何上朝見人呢？正想發怒，但又轉念一想：自己剛解釋過「宰相肚裡能撐船」，現在為這種小事治人罪，不就自食其言了嗎？

兩相權衡之下，宰相通情達理地對理髮師說：「小事一樁，你去拿支筆

來，畫根眉毛上去就是了。」通常當一個人受到了貼切的讚美，即使是盛怒之下，往往也有怒不便發，有氣不好生。職場中，如果你能不失時機地使用這種巧妙的讚美，就能更能如魚得水。

在一家大飯店裡，有個號稱「金手」的廚師燒得一手好菜，最拿手的就是烤雞，風味獨特，深受廣大顧客喜愛，尤其是他的老闆，更是對烤雞情有獨鍾。老闆雖然很賞識這個廚師，但總是吝嗇給予任何正面的讚美和鼓勵，使得心高氣傲的廚師整天鬱鬱寡歡。

一天，有貴客遠道而來，老闆便在自己的飯店裡設宴款待，他點了好幾道美味佳餚，其中就有自己最愛吃的烤雞。然而，觥籌交錯間，老闆始終沒有在碗碟裡找到那隻雞的第二只腿，他覺得很奇怪，轉身問廚師：「怎麼少了一隻雞腿呢？」

廚師理所當然地說：「哦，因為我們店裡養的雞都只有一條腿嘛。」老闆感到很莫名其妙，但礙於有客在場，不便一探究竟。飯畢，送走客人後，老闆生氣地讓廚師帶他去看看那些「一條腿」的雞，好「長長見識」。他們一起來到後院，當時正值中午，天氣悶熱。雞都在樹下乘涼，縮著一條腿，單腿獨立著休憩。廚師指著「獨腿」雞說：「老闆，你看，這些雞不全都是只有一條腿嗎？」老闆聽了廚師的混話，非常生氣，他馬上用力拍手，雞受驚了，全都站了起來。老闆說：「現在，它們不就是兩條腿了嗎？」廚師平靜地說：「沒錯。老闆，你如果早點拍拍手，那麼雞早就是兩條腿了。」

如果你想吃兩條腿的雞，那就來點掌聲吧。當掌聲響起的時候，別人回饋給你的將會是最好的。職場中，給予別人一點掌聲和讚美，你就能換來你想要的東西，使同事間的關係更融洽，使你的個人工作更暢通無阻。何樂而不為呢？小李是某家大公司的一個普通清潔工，這個職業使他經常被人忽

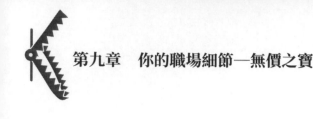

視。然而，就是這樣一個「卑微」的人，卻幹了一件驚天動地的大事。

　　一天晚上，公司遭遇小偷，保險箱被竊。警報拉響後，只有小李一個人毫不畏懼地衝了上去，與小偷進行了殊死搏鬥。事後，當公司同事為他慶功，並問起他當時為什麼那麼勇敢時，答案出乎大家意料。小李不好意思地告訴大家：「因為經理每次從我身旁經過時，總會誇我一句：你地掃得很乾淨啊！」就是如此簡單的一句讚揚，使小李深受感動，以致他總是把公司利益放在第一位，並在關鍵時候挺身而出。

　　美國著名企業家瑪麗凱曾說過：「世界上有兩樣東西比金錢更為人們所需要，那就是：認可和讚美。」

> **小秘訣**
>
> 1921 年，美國「鋼鐵大王」卡內基為了聘請一位名不見經傳的執行官，竟願意付出一百萬美元的超高年薪。人們對此感到很困惑，當記者提及時，卡內基意味深長地說：「因為這位執行官擅長讚美他人，這是他最值錢的本事。」所以讚美也是一種本領、一門藝術。在辦公室裡，千萬不要吝惜你的掌聲和讚美。

2. 佛要金裝，人要衣裝

　　很多人在關注內在修為的同時，總是把外在疏忽和遺忘了，俗話說，佛要金裝，人要衣裝。外在細節往往決定「第一眼」失敗或成功。

　　在巴基斯坦，有個偉大的詩人叫賈利伯，他雖然偉大卻只是一個窮詩人。有一次，他被邀請去參加國王的晚宴，當時受到邀請的有各界不同人士。出席這種正式場合，通常都需要一套得體的衣裝，然而賈利伯很窮，不

可能去添置這些「外在」的東西。

　　有一些朋友善意地建議他：「賈利伯，去之前你還是向別人借一件衣服、一雙鞋子，外加一把好傘吧？因為你的傘已經爛得不成樣子了，褪色的外套也有點不堪入目。你可千萬別穿著這些『破陋百出』的衣裝去參加晚宴，有失體統！」

　　賈利伯卻固執地說：「一旦我開口向別人借東西，心裡會覺得不舒服，我從來沒有這種向人伸手的習慣。生活，我一向只靠自己，為了一頓晚餐就去破壞自己的整個生活態度，太不值了。」

　　於是，他穿著自己的破衣服前去宮廷。然而，在門口，守衛對手拿邀請卡的賈利伯嘲諷道：「你是從哪兒偷來的邀請卡？還不快走，你想被抓起來嗎？」

　　賈利伯氣得直哆嗦，他說：「我是被國王邀請來的，你可以進去打聽打聽！」

　　守衛不耐煩地說：「每一個乞丐都說自己是被邀請來的，你並非第一個，在你之前都不知道有多少不知好歹的人了。快走，別擋在這裡影響其他貴賓進出！」

　　賈利伯只好灰頭土臉地回去了，他的朋友們早料到會出這樣的事，所以事先已經給他準備好了一套嶄新得體的行頭。最後，賈利伯不得不穿上那些借來的東西。這一次，守衛恭敬地向他鞠躬，並把他請進了門。

　　國王非常喜歡賈利伯的詩，所以安排他坐在自己旁邊。當晚宴開始，眾目睽睽之下，賈利伯做了一件非常匪夷所思的事 —— 餵他的外套，並喃喃道：「尊敬的外套啊，快吃吧！因為事實上是你被請進門，而不是我。」國王驚愕地問：「賈利伯，你在做什麼？你瘋了嗎？」賈利伯認真地回答：「不，

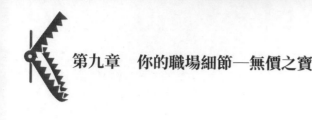

當我一個人來入宴時，他們拒絕我；後來帶著這件外套一起來，他們歡迎我。事實上，我只是跟著外套進來的。如果沒有它，我就一無是處！」在職場中也是一樣，通常別人「認出來」的並不是真正的你，而是你身上的「外套」。當拿破崙淪為囚犯，被關在聖赫勒拿小島上時，在別人看來，一切對他已經不再具有任何重要意義。然而，在獄中整整 6 年，他都沒有換下身上的那套衣服，即便他的這套衣服已經破舊不堪，褪掉了顏色又很骯髒，他仍堅持不肯換上獄中那些普通乾淨的衣服。一次，獄醫好奇地問他：「你為什麼不把外套扔了？它已經沒法穿了！你可以換上更好、更乾淨的衣服。」拿破崙看著他，目不轉睛地說：「這是一件專屬皇帝的外套，就算又爛又髒，我也不能夠把它換成一件普通的外套！」

　　拿破崙如此執著，只因那是一件皇帝裝。他曾經是一個了不起的皇帝，是最偉大的征服者。雖然最後落得一文不值，但那件皇帝裝是唯一一件可以維繫王者形象和自我價值的物體，神聖而不可替代。因為，人要衣裝，佛要金裝。

　　一個第一天入職的電腦銷售員站在培訓官面前，這個新人理著一個沒有露出額頭的學生髮型，領帶打得很短，襯衫扣子沒扣嚴，皮鞋並不油光鋥亮，襪子顏色也怪怪的。培訓官直接問他：「知道你賣的是什麼嗎？」他回答：「電腦。」「一般總價是多少？」「幾十萬至數百萬不等。」「買的時候，客戶看到電腦了嗎？」「沒有，半年後才交機。」「看到公司了嗎？」「也沒有。」「只看到誰？」「我。」最後培訓官只問了一句：「你看起來像是一個夠資格託付幾十萬至數百萬生意的專業人士呢，還是只是一個不諳世事的毛頭小夥？」

　　產品功能有多全面，品格有多好，這些要等客戶買了、用了才能親身驗證。而決定客戶是否購買或是否喜歡的第一個要素，卻是你的外在形象。千

萬不要以為衣服只是為自己而穿的，衣著恰恰代表了公司形象、產品價值、個人專業素養以及他人對你的態度。

小秘訣

衣著，雖然只是外在的包裝，卻可以表達我們的自我形象和自我價值，不但會影響到自我激勵和肯定，更會影響到他人對自己的主觀印象和價值判斷。時刻注意外在細節，懂得抓住他人的「第一眼」，是職場人士必須具備的法寶之一。

---

3. 關鍵時候，學會做配角

在馮小剛的諸多電影作品中，觀眾一向有「流水的女主角，鐵打的葛優」的說法。然而，在《天下無賊》中，葛優出人意料地出演了一個戲份不重的配角。可是，這個配角卻將「黎叔」這個老奸巨猾的角色演得入木三分，其風光絲毫不輸於男主角劉德華和女主角劉若英。他這回當的綠葉，與其說是為紅花作襯，倒不如說是與紅花爭豔，而且比紅花開得更豔。其實有時，配角體現的價值並不比主角差。一個職場新人應學會做配角，學會說襯話，也是現實生活中不可小視的一項能力。

談話中有主角也有配角。主角侃侃而談，縱論東西、笑談南北，主宰、掌握著談話局面。配角則應是零零星星插幾句話，擇時順勢補說幾句。可是，如果放到一些具體環境裡，情況就大不一樣了，比如下屬匯報工作時，主管卻變成了配角；反之主管佈置任務時，下屬就成了配角。

認識了這點，你就會發現在交際場所沒有固定哪一個是主角，哪一個是配角，完全是根據交際需要決定誰是主角，誰是配角。有時候做一個好的配

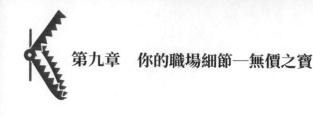

角也是談話者修養、品德、技巧的表現。

　　梅林凱是布魯斯見到的最受歡迎的人士之一，經常有人請她參加聚會、共進午餐、打高爾夫球或網球。一天晚上，布魯斯碰巧又到一個朋友家參加一次小型社交活動，恰好梅林凱也在。布魯斯發現梅林凱和一個帥氣瀟灑的男人坐在角落裡。出於好奇心，布魯斯遠遠地注意了一段時間。布魯斯發現梅林凱對面的那位男人一直在說，而梅林凱自己好像一句話也沒說。她只是有時笑一笑，點一點頭。

　　幾天後，布魯斯見到梅林凱時禁不住問道：「那天晚上我在賈木森家看見你和最迷人的男人在一起。他好像完全被你吸引住了。你怎麼抓住他注意力的？」

　　「很簡單。」梅林凱說，「賈木森太太把威廉華勒介紹給我，我只對他說：『你的皮膚真健康，你是怎麼做的？在哪做到的呢？中國還是夏威夷？』」

　　「夏威夷。」他說，「夏威夷永遠都風景如畫。」

　　「你能把一切都告訴我嗎？」

　　「當然。」他回答。於是，我們就找了個安靜的角落，接下去的兩個小時他一直在談夏威夷。

　　「昨天早晨威廉華勒打電話給我，說他很喜歡我，很想再見到我，因為我是最有意思的談伴。但說實話，我整個晚上都沒說幾句話。」

　　看出梅林凱受歡迎的祕訣了嗎？很簡單，梅林凱只是讓別人談自己，而自己卻選擇做一個配角。

　　如何做好配角、扮演好聽眾的角色呢？

　　小雅是個話不多的女孩子，但她善於擇時而發。大家喜歡聚在一起談些人生感悟的話題，她常常默默聆聽，只是偶爾說出一些「襯話」，但就是這些

襯話，造成了對話題的推動和點染作用，人們對她頗感親切。該張口時就張口，這才是一種難得的參與精神。

配角在談話中是客觀存在的，卻並非一定要某些人擔當，不過是談話現場的一時需要罷了。不過，一旦做了配角，就必須遵守一些特殊的角色要求，既要選準時機說話，還要簡潔清晰，不拖泥帶水，不羅嗦，三言兩語，點到為止。

兩個人或兩個人以上談話時，總有相對集中的中心，配角的「襯話」不能違背中心，不能對主角談話主題置之不理，而自己另說一套。「襯話」是起綠葉襯紅花的作用。所以，一定要注意配合。所謂配合，就是不能越俎代庖，超越對方。然而，襯話並非一味附和他人，也應有自己的獨立性。有程度的襯話會更好地解決「會陪能襯」與獨立性的關係。所謂獨立性包括個人的獨特風格和鮮明個性，主要指襯話要做到有原則地烘托，能充分顯示出自身價值。只有這樣，配角的意義才能發揮到最大。

如何才能學會自我控制、自我調整、演好自己的配角、說好自己的襯話呢？關鍵是要找到自己的位置，並能把握這個位置。這樣不但可以顯示出你良好的修養和品格，還可以把襯話說的恰到好處，一箭雙鵰！如果你和對方聊起了足球，恰好你是球迷，當談到歐洲世界盃時，你一定情緒激昂，許多話一下子湧到喉間。但是，要記住，對方是你需要爭取的一個人，那麼談話秩序要從實際需要出發，你暫時不能發表見解時，就應該讓對方痛快地說。你只要當好配角，不搶話，不爭話，事後他一定覺得你是一個讓他覺得舒服的人，你們的事情才可能進一步得到落實。

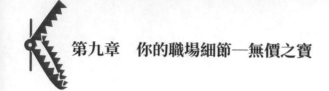

> **小秘訣**
>
> 記住，漫長的黑夜並不意味著沒有希望，相反，它是黎明前的等待和長時間
> 的準備！學會做配角，用你的細心和耐心來換取對方最多的信任吧！如果你
> 能在關鍵時刻做個最佳配角，那麼你的黎明會更加燦爛，未來會更加美好。

4. 酒桌上，每個人都不能忽略

酒桌，是一個很特殊的場合，推杯換盞、觥籌交錯之間，最能體現你完美的交際藝術。獨樂樂不如眾樂樂，酒桌上的最高境界就是：左右逢源，不忽略任何一個人。

春秋時期的鄭國，因為國宴酒桌上一個玩笑性質的「忽略」，而導致了一場政變。

一天，子公的食指忽然自己動了起來，於是他對子家說：「每次食指這樣一動，我都能嘗到美味佳餚。屢次應驗，百試不爽。看來，今天可能要有口福了。」子家聽罷將信將疑。

過了一會兒，內侍果然來傳命：鄭靈公要請大家一起吃甲魚湯。原來，楚國派人敬獻了一隻大甲魚，鄭靈公高興之餘，就讓御廚做了一頓美味，用來宴請群臣。

子家驚喜地對子公說：「果然不出你之所料！」於是，兩人笑著上朝去了。鄭靈公得知這事後，決定開個玩笑，他戲言道：「應不應驗，由寡人說了算！我不請你吃，你就別想吃到！」於是他對內侍一番吩咐，決心不讓子公的食指應驗。

等待美味之時，子家對子公說：「美味雖有，但要是主上不召你，怎麼

辦？」子公不以為然道：「主上遍賜群臣，怎麼會單單遺漏我呢？」到了晚上，群臣按品級大小，依次入席。子家與子公的官階最高，坐在左右首席。鄭靈公掃視群臣說：「甲魚是難得一見的美味，今日的大甲魚，更是稀罕。寡人不忍獨享，願與眾卿一起嘗鮮。」一會兒，內侍端著甲魚進來了，瞬時香氣瀰漫。鄭靈公夾起一塊甲魚肉送進嘴裡，接著又喝了幾口湯，讚不絕口：「好肉好湯！鮮美無比啊！」群臣頓時饞涎欲滴。

在眾人期盼的眼神下，鄭靈公吩咐道：「每人賜肉一碗！」內侍依照靈公先前的指示，一改平日從上座奉食的規矩，竟從下座依次把甲魚湯端上來。端到最後二席時，只剩下一碗甲魚湯了。內侍看看子公，又瞅瞅子家，遲疑不決，只好啟奏道：「只有一碗，不知賜給哪位？請主公明示。」鄭靈公故意笑吟吟地吩咐：「賜給子家吧。」

如此一來，唯獨子公一人在那一臉窘相，眼巴巴看著。這時，鄭靈公哈哈大笑道：「命該如此，如此美味，偏偏輪不到子公。可見子公的食指並不靈驗！」

子公滿臉通紅，尷尬至極。早先在大家面前，他已說了滿話，如今百官都得到了賞賜，偏偏自己一個貴戚重卿卻沒有。在滿朝文武面前，自己顏面何存？這一切，都是鄭靈公故意安排的。惱羞成怒的子公霍地跳起來，跑到鄭靈公桌前，將手指伸進碗裡，抓出一塊肉，放進嘴中，也哈哈大笑道：「我已經吃到了肉，所以食指還是靈驗的！」說罷，拂袖而去。

子公竟如此目無君上，鄭靈公氣呼呼地摔下筷子，狠狠地說：「真是太放肆！他難道以為寡人不敢砍下他的項上人頭嗎？」

眾臣連忙跪下叩頭道：「子公向來知書達理，今日之事，並非成心失禮。念在他多年勤謹辦事的份上，饒恕他吧。」鄭靈公鐵青著臉，不搭話。群臣

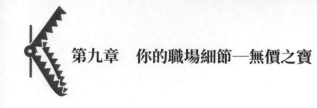

見狀，也不敢多言，紛紛退席。

子家覺得事情不妙，便逕自去見子公，把情況說了一遍，勸他第二天入朝謝罪。子公怨氣未消：「不尊重別人，別人也不會尊重他。是主上失禮在先，憑什麼要我賠禮認罪？看誰先殺了誰吧！」於是，子公先下手為強，聯合子家殺了鄭靈公。

酒桌是一個公眾場合，一旦你忽略他人，致使他人心中不快，那你也會面對同樣的「尷尬」。如何在酒桌上做到盡善盡美呢？你可參照以下幾點：

（1）眾歡同樂，切莫私語

酒桌上人多口雜，要儘量多談論一些大家都能參與的話題，以得到多數人的響應。但要避免譁眾取寵、誇誇其談，也不要與人俯身貼耳，小聲私語，這樣會影響酒桌上的和氣氛圍。

（2）配合賓主，把握主題

每場酒席通常都會有一個主題，或者說是酒宴的目的。赴宴時，先應分清主次，不要單純地為吃喝而去，以致失去交際的大好時機，更不要攪亂東道主的主旨。

（3）語言得體，取悅於人

酒桌是一個可以盡情展示個人學識、修養和風度的地方，你要清楚知道什麼時候該說什麼話。一句詼諧得當的話，會給大家留下深刻印象，無形中，使人對你產生好感。

（4）勸酒適度，切忌強灌

勸酒，是酒桌上最司空見慣的現象，然而，有些人把別人直接當「酒桶」，不擇手段地讓別人多喝。「以酒論英雄」其實並不適合所有人，太過勉

強就會適得其反。

（5）察言觀色，揣摩人心

　　要想在酒桌上一鳴驚人，達到自己受人讚賞的目的，就必須學會察言觀色。人際的交往，實質上就是人心的交往。你對他人瞭若指掌，便能演好酒桌上的重要角色。

> **小秘訣**
>
> 不管你在酒桌上如何「運籌帷幄」，都不要忘了「左右逢源」。酒桌上每一個人都不能得罪，都不能忽略，失掉一個人，可能就是失掉全部。
> 你把酒桌上每一個人都當做上帝，你就能成為上帝。

5. 插嘴有訣竅，才不會雞飛蛋打

　　培根曾說：「打斷別人、亂插嘴的人，比喋喋不休者更令人討厭。」插嘴，很多時候是一種無禮的行為。人都有表達自己思想的主觀願望，但前提是尊重別人的感受。不分場合時機，貿然打斷別人或搶接別人話頭，不僅會擾亂他人思路，招惹對方厭惡，甚至會導致不可彌補的後果。

　　當你看到朋友和一個不相識的人正滔滔不絕，你是否好奇地想加入？你有沒有想過，在不知道話題內容的情況下，突然插話，是否會導致他們的話題中斷？

　　或許他們正在進行一項重要談判，由於你打亂他們的「思路」而半途而廢。或許他們正在討論一個苦思不解的難題，關鍵時刻，卻被人攪和。此時，你若遭人白眼，沒有一個人會覺得你值得同情。

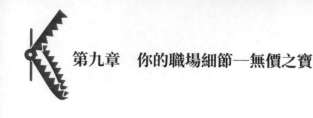

有個老闆正與一個客戶在辦公室談生意，期間，老闆的一位朋友來訪。這位朋友不管三七二十一，張口就來：「嗨，我剛才路上遇到個搞笑的事……」接著就說開了，手舞足蹈，一副津津有味的樣子，完全沒看到老闆的眼神示意。客戶見話題被打亂，來人又興致高昂，就鬱悶地對老闆說：「你先忙，改天再談吧。」說完就告辭了。一筆大生意就這樣被攪沒了。

當你興致勃勃與人交談，說到高興處時，冷不丁半路殺出一個程咬金，你猝不及防，不得不偃旗息鼓。不止於此，這個程咬金還將話題轉移，洋洋得意，自我炫耀。如此一來，你也會頓生厭惡之感，覺得不受尊重吧。

這種有失禮貌的陋習很多人都有，它往往會在不經意間破壞人際關係。要想改變，首先就要學會耐心傾聽。

很多推銷員都有「馬不停蹄」的毛病，他們一味地自賣自誇，使客戶絲毫沒有插嘴的餘地，其實這是銷售大忌。客戶一旦挑剔、批評產品，就表示他有購買念頭，你完全不必錙銖必較。若和他爭辯，就如同你在指責客戶沒有眼光，不知好歹。當他感受到你這種「言外之意」後，必然不買你的帳，最後只能一拍兩散。

他人說話時，切不可橫插一腳，自己若有不同意見，應在別人說完後再陳述。當別人話還沒說完的情況下，很可能不會接受你的意見。所以開「尊口」以前，請先耐心傾聽別人講話。

當你認為自己確實有必要插嘴，有必要表述你的看法時，也要學會插嘴的技巧：

①當對方因擔憂你的興趣度，而在談論過程中顯露出猶豫為難的神情時，你可以適時地說一兩句體貼話：「你能詳細說說這事嗎？我不太了解。」「你請繼續。」「哦，對此我也十分感興趣。」

不管你說什麼，都要讓對方知道這樣一個意思：任何你認為有趣的事，我都很樂意聽你敘說。當你表達出這種意思後，對方就會消除疑慮，盡情地傾訴，並對你產生好感。

②當對方因為心煩氣躁、忿忿不平等心情，而導致情緒不能自控時，你可用一兩句話來疏導：「我想你一定很憤怒」「你似乎有些煩躁」「你心裡還是七上八下的？」「一切都會過去的」。

說這些話的目的，就是把對方心中的鬱結通通「引誘」出來，在他發洩一番後，才能感到輕鬆自如，從而從容地敘述完之前的重點問題。但是，千萬不要陷入盲目安慰的失誤，不要給出你個人的主觀判斷，說些諸如「你做得對」「其實他不是這樣的」之類的話。你所要做的只是引爆對方的發洩點，給他一條情緒「輸導管」，而不是「火上澆油」，強化抑鬱。

③當對方迫不及待地想讓你理解他所要表達的意思時，你可以用一兩句簡單明瞭的話，來「總結」對方的中心思想：「也就是說……」「你的意見是……」「你要表達的意思是……」這樣的總結，既能當即驗證你對談話內容的理解程度，隨時糾正理解偏差，造成「溫故而知新」的作用，又能表現出你的誠意。

以上三種插話方式的共同點是：不在對方的談話內容上發表個人評斷，不在對方的情緒上指出對與錯，始終讓自己處在一種客觀的姿態上。當然，在非語言傳遞的訊息中，你可以聰明地表露立場和觀點，但在言語中切不可流露，不可落人話柄。你一旦超越這根「中立線」，就可能陷入插嘴的失誤，從而使一場談話失去方向和意義，導致「雞飛蛋打」。

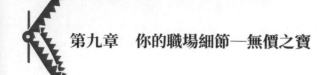

小秘訣

「九牛一毛莫自誇，驕傲自滿必翻車。歷覽古今多少事，成由謙遜敗由奢。」很多人插嘴是源於自以為是。說話做事要有自知之明，自大自滿並不會讓你在複雜的人際關係裡遊刃有餘。所謂「成由謙遜敗由奢」，謙遜的態度會讓你知道自己的不足，當你心如明鏡，就能真正掌握「口頭」藝術，免於因為插嘴而禍從口出。

---

6. 別人失意時，別說得意話

在一個農場裡，有一隻小豬、一隻綿羊和一頭奶牛，它們被圈養在同一個畜欄裡。

平時，主人會經常把奶牛拉出來擠奶，偶爾也給綿羊剪剪毛。它們都覺得很光榮，唯獨小豬，每天只知道吃了睡，睡了吃，不做什麼貢獻。

一天，主人把小豬從畜欄裡揪了出來，小豬嚇得大聲嚎叫，蹄子亂蹬。綿羊和奶牛在一旁聽到它淒厲的嚎叫聲，感到很厭煩，它們鄙視地對小豬嚷：「別叫了！那麼難聽！主人常常捉我們，我們可沒像你這樣大呼小叫的。」

小豬聽到它們如此輕鬆的口氣，生氣地大叫道：「你們知道什麼呀！這完全是兩回事，主人捉綿羊，只是要取它身上溫暖的羊毛，捉奶牛，是為了鮮美的乳汁。但是捉住我，卻是要直接吃了我啊！」

立場、身分、環境不同的人很難互相了解，很難設身處地去體會對方的感受。飽漢不知餓漢饑，別人失意時，千萬別說得意話。別人遇到的挫折，身上的傷疤，不要隨意碰觸，也不要幸災樂禍。否則，你就像一無所知、不

知輕重的綿羊和奶牛，口吐刻薄、可笑之言，還自以為高人一等。這樣的人，很難在職場中大展拳腳，得到擁護。

Jane 畢業後進了一家外企，由於事業心強，效率高，對工作品格又嚴格要求，做事雷厲風行，上司很快便認可了她的工作能力，她一下麻雀變鳳凰，榮升為經理。就此，她的收入不僅遙遙領先於同齡人，氣勢也比誰都強。

在一次老同學聚會上，Jane 失手打翻了一個咖啡壺，滾燙的咖啡一下把手燙得又紅又腫，火辣辣地疼。這種情況下，竟沒有一個人主動幫她，更沒有一句安慰話。「哎喲，怎麼這麼粗心呀？」「做什麼壞事遭報應了吧？」她們全都解氣了一般，在一旁冷嘲熱諷，暗中竊喜，一副幸災樂禍的樣子。Jane 很驚愕，愣了半天才一個人灰頭土臉地躲進洗手間，用涼水沖了沖手，忍住委屈，離開了聚會。

後來一個關係好點的朋友告訴 Jane，那些老同學巴不得見她出點洋相，好殺殺她威風呢。因為自從 Jane「位高權重」後，見誰都是一副高姿態，不是教訓別人沒志氣沒出息，就是譏諷別人高不成低不就。那些工作不如意的人，心裡早就結了一團怨氣，只是沒找到機會爆發而已。

參加工作以前，大家都一樣，住破舊的學生宿舍，穿廉價的低檔服裝，吃難嚥的食堂飯菜，彼此不分伯仲。畢業後，紛紛各顯神通，在廣闊職場尋找各自的位置。有的遊走社交，有的開拓事業，有的打工賣力，有的寄人籬下……差距出現了。幾年下來，各自的社會地位被擺到了桌面上：有的開著賓士，有的擠著公車；有的華麗登場，有的素面朝天；有的有小祕，有的當小祕，有的看年薪，有的算月薪……是得意，還是趾高氣揚？是羨慕，還是妒恨交加？

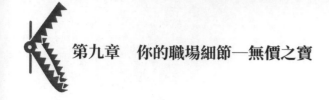

從 Jane 這個故事中我們要吸取教訓，做到兩個方面「不得意」：

（1）站在 Jane 立場上的「不得意」

淡化優勢地位，不要自抬身價。就算事業高於別人，情感上卻需要平等對待。但是作為一個成功者，很可能一不小心就播下妒恨的種子，阻礙正常交往。如果希望別人消除對你的敵意和隔閡，認同你的成功和努力，就要儘量淡化自我優勢。

① 低調說話，低調做人。盛氣凌人只會令人反感，誇誇其談只會盡顯淺薄。如果你是一個事業有成者，也別忘了「做人要低調」，別對低於你的人口出狂言，低調一點。

② 別太愛「面子」。有些人唯我獨尊，忍受不了別人超越自己，甚至以貶低他人來抬高自己，這是一種虛榮的表現。別一副居高臨下的樣子，也讓別人出點風頭。

③ 突出自身劣勢。別只讓人看見你好的一面，偶爾也可以顯示一下自身劣勢，中和一下優勢，減少別人的心理壓力和敵意，「嘿，原來你跟我差不多。」這樣，他人心理就平衡了。

（2）站在老同學立場上的「不得意」

克制洩憤心理，不要幸災樂禍即使你是一個富有同情心的人，偶爾也會對他人的失意閃現一絲幸災樂禍。有時候，人需要給消極體驗找個排洩口。但只能把這當作一段「小插曲」，一旦過頭，無形中就會扭曲心理和人格。為了避免「幸災樂禍」無限升級，你需要改變心理：

① 反思原因。反思一下，你會發現，很多時候失敗的原因在於自己。人們在潛意識中，總會忽視自己的弱點，忍不住把自己的不幸遷怒

於他人的幸運，從而演變成不知所謂的怨恨。

② 寬以待人。跳出自我的圈子，站在別人的立場上，多顧及一下別人的心理。對別人寬容，別人也會真誠相待，投之以桃，報之以李。

③ 看看自己的「美麗」。別總把自己的注意力放在別人身上，光看別人熱鬧。多關注一下自己，使心理獲得一種新的平衡，把別人的「得意」作為自己奮鬥的動力。

小秘訣

別人向你訴苦事業慘敗，與其以成功者的高姿態來說教，不如告訴他，你當年摔得比他慘多了。於是，他會想，大家都曾失利，你既然成功了，他也能捲土重來。

十年河東，十年河西。每個人都有得意時，也有失意時。當別人失意時，千萬別說得意話。

---

7. 社交恐懼症應該這樣克服

大庭廣眾下，你是否總是手足無措，不由自主地退縮，一旦硬著頭皮上了，又因為失態而悔不當初。下一次機會出現時，你會因此變得更加膽怯，再一次錯失良機。就這樣，惡性循環著，自信心也逐漸消失殆盡。其實，你是得了社交恐懼症。

幾乎所有人，都曾被「出其不意」的社交恐懼打垮過。眾目睽睽之下，即使是那些出類拔萃的老江湖也難逃手心冒汗、詞不達意的狼狽。但這些人之所以成功，是因為他們最終都克服了那一瞬間的怯懦和動搖，迅速擺脫恐懼感，進入得心應手的境界。

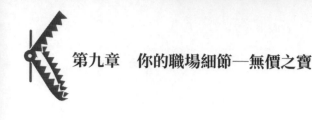

第九章　你的職場細節—無價之寶

　　恐懼，通常源自「輸不起」或者「怕丟臉」，當你越想刻意掩蓋，它就被放得越大。這無關年齡，年長之人的優勢無非是世面見得多些，學會了「反客為主」的技巧和掌控情緒的能力。也就是說，在一個陌生環境裡，人人都會恐懼，區別在於，你是否有良策應對。

經驗之一：如何應對聚會上的社交恐懼症

　　第一次參加 Party 的職場新人，面對偌大場面，往往會因為陌生環境和「菜鳥」身分等因素，而心生忐忑。如果你想擺脫恐懼，那種過於誇張或沉悶的表現是不可能讓你遊刃有餘的，不妨試試以下幾個小方法：

① 放下「我一定要給大家留下最佳印象」或者「我一定要完美展現自己」之類的沉重包袱，患得患失會使自己的表現生硬而不自然。

② 讓自己隨時保持心平氣和，如果擔心臨場發揮不佳，不妨在家預演一遍或自備一套擅長的或易於與陌生人搭訕的話題。

③ 不要在聚會上大談特談你的工作，你大可在辦公室盡情展現工作表現。在輕鬆的場合中，大家都對談論工作提不起多大興致，不如準備一些符合聚會規則的話題，比如關於電影、高爾夫、展覽和新款高檔車的見解等等，對此感興趣的人自然會圍上來，這將大大提升你的人氣指數。

經驗之二：如何應對邊緣性社交恐懼症

　　什麼是邊緣性社交恐懼症呢？它的表象通常是：一旦當眾表述錯誤，瞬間就被挫敗感填滿。一方面，希望自己獨領風騷，像一個無所不能的先知；另一方面，又不斷自我警示，不要犯低級錯誤，但一與人針鋒相對，內心就對自己全盤否定。他人的好惡完全控制了自我認知，不可自拔。那麼，這種

局面該如何改變呢？

① 儘量找一些自己熟知的環境作為交際場合，充分利用「主場優勢」，發揮主觀能動性。在熟悉場景中，更容易顧及細節，更有利於展露自信。

② 拜社交高手為師，學上幾招克敵致勝的方法，比如不露痕跡地轉移話題，進入個人熟知的領域，或者如何快速擺脫尷尬。

③ 如果你總是隨時隨地緊張焦慮，不妨多嘗試深呼吸，或者腹式呼吸。

這種「呼吸法」通常能有效舒緩緊張情緒，使你從容不迫。根據以上經驗之談，可以使用一些科學的治療方法去克服社交恐懼症。

A 催眠大法：這種方式需要心理醫師的指導，從記憶深處挖掘出一些潛在的東西，或某個被隱藏的窘迫事件，以此找到病根，克服疾病。

B 強迫大法：強迫自己處在一個會讓你產生恐懼的場所，以毒攻毒，利用巨大心理刺激進行反向治療。

C 情景大法：在一個假想空間裡，模擬出一個社交場景，並在其中重複練習「發病」情節，鼓勵自己勇敢面對，讓自己在非現實中適應焦慮環境。

D 認知大法：不斷往自己腦袋裡灌輸積極正確的觀念，類似於自我催眠。釋放自己的壓力，走出恐懼，正確認識人與人之間的正常交往。

E 藥物大法：這是最直接、最有效的治療方法。

有些時候你的恐懼病源於體內某種化學物質的失調，所以需要用到一些

專業藥物進行調節。大刀闊斧地依靠外界診療前，不要忘了平時的自我調節：

① 自我肯定。不斷地稱讚自己，鼓勵自己，告誡自己：天生我材
　必有用。

② 不過分苛求，盡力而為。只要把一切盡力安排妥當，不成功只是
　暫時的。

③ 忘記過去的陰影。過去就讓像雲煙一樣隨風而去，最重要的是把
　握現在。

④ 與人為善。助人為快樂之本，贈人玫瑰手有餘香。助人不僅能忘卻
　煩惱，同時也是證明個人價值的所在。

⑤ 找個傾訴「垃圾桶」。心裡有煩惱，就一定要倒出來，找個可信賴的
　人嘮叨嘮叨。就算別人無法幫你解決問題，但至少可以為自己的消
　極情緒找到一個出口。

⑥ 我思故我在。每天只要 10 分鐘，思考，再思考。不斷總結才能得到
　教訓，才能不斷面對新挑戰。

小秘訣

在社交場合說錯話，當眾出醜，甚至被別人因此嘲笑，恨不得找個地縫去
鑽，你是否遇到過這類事？心中是否暗自發誓再也不出席這種場合？其實像
這種恐懼症患者並不在少數。不管教你多少種擺脫「疾病」的方法，不管如
何給你舉例說明，說來說去，祕訣只有一個：相信自己！

---

8. 職業女性的經典著裝寶典

　　一身經典的職業套裝，不僅給你增添動人氣質，更讓你獲得最佳印象

分，提高職場人氣指數，在人際交往上，助你一臂之力。

女性著裝寶典一：穩重大方型

職業女性的著裝正一改往日「女強人」的固定模式，整體造型變得越來越飄逸，觸感也更加軟柔。當然，襯衫的款式還是以簡潔為主，可配以格子、線條等簡單的線條變化，與套裝相輔相成。顏色選擇上：以白色、淡粉色等淡雅色調為佳。整體色彩上：應選擇黑色、灰色、深藍、米色等沉穩大氣的色系，迎面而來會給人一種幹練穩重的感覺。此外，白色也是不錯的選擇，會有一種不同一般的親和力和感染力。通常一個職業女性一天至少有 8 小時要「畢恭畢敬」地穿著那身套裝，長久地保持衣服的整潔和自身的舒適，因而，那些經過處理的絲、棉、麻等不易起皺的面料絕對是不二選擇。

適用範圍：從事金融、證券、政府公務員、公司主管等工作的女性上班族。

女性著裝寶典二：成熟個性型

職業女性也是女性，所以在追求專業形象之外，也不能落了女性特質，她們希望自己在兩種角色裡取得和諧統一。

只要稍稍改變一下西裝的質地和剪裁，就能穿出一種與眾不同的感覺。可以結合成熟與帥氣的奇妙搭配，甚至汲取一些俐落的「男性特質」。至於顏色，絕對不可複雜，仍以黑、白、褐、藍等基本色為主。為了不顯單調，可在脖頸處扎條絲巾，或在套裝內配件亮色襯衣，常常會讓人眼前一亮。

而連衣裙這種飄逸型的服飾，更適合身材窈窕的女人。或長或短，流暢而柔美的線條，盡展女性魅力。尤其是神祕的黑色系，優雅魅惑感十足。這類著裝可運用在諸多場合。

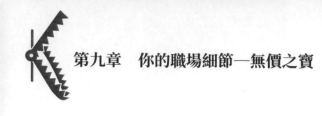

　　適用範圍：從事保險、律師、公共事業等工作的女性上班族。

女性著裝寶典三：端莊素雅型

　　當女性們在追求著裝是否符合身分、舒適的同時，千萬別忘了不影響工作效率和因地制宜這兩個原則。女性的氣質與風度需適當展現，但不可過頭。例如衣著不要太暴露，否則有些男同事會覺得彆扭，自己也要時刻避免「走光」，這樣必然影響工作，有損專業形象。

　　「在流行中略帶傳統」是最完美的、最適合職場的氣質風格。追求端莊的女性，不適合太輕薄的衣料，過輕薄會造成不莊重之感。衣服樣式要像雛菊一樣芬芳素雅，配以簡單規則型花色、花紋，如小格子、素條紋、人字形紋等。

　　適用範圍：從事科學研究、商貿、醫藥和房地產等工作的女性上班族。

女性著裝寶典四：簡約休閒型

　　時尚無需複雜，簡單即是品味。通常簡單的著裝總是能打造不簡單的女人。越簡單越美，這是一種藝術。

　　為什麼有些女人穿著看似普通的服飾，卻透露出與眾不同的氣質呢？因為她們的搭配在簡單中透著優雅，在休閒中透著活力。一件簡單的白色細格棉質襯衫，腰間輕微的修身設計，混雜亞麻材質的半透明質感，隱約可見白色吊帶背心，如此簡約，卻又如此性感。如此穿衣打扮，如此自信，同事、老闆看了全都會賞心悅目。

　　適用範圍：從事媒體、廣告、設計、動畫製作、形象造形類工作的女性

上班族。

女性著裝寶典五：清新秀麗型

女人風情萬種的一面雖然無可匹敵，只可惜辦公室並不是一個施展風情的最佳場所。然而，對美麗特別有敏感度是女性與生俱來的天賦。枯燥沉悶的職業裝束，也能輕而易舉地被她們融入時尚流行元素，立刻盡顯清新亮麗。原來只要很簡單的幾種配搭，就能造成錦上添花的效果。

例如，眼鏡對於有近視的職業女性就可以作為一種天然配搭，不妨多配製幾副各種顏色和款式的板材框架鏡，用來搭配不同服飾；又或者為心愛的包包加上可愛的掛飾；在不失穩重的外套裡面配以活潑雅緻的襯衣。畫龍點睛之筆，就能使職業形象添一分清秀之感。

適用範圍：從事公關、網路、IT、文化類工作的女性上班族。

> **小秘訣**
>
> 衣著搭配，可謂是職場中最大的一個「細節」，如果一個員工連最簡單的衣著都處理不當，又如何能得心應手地搞定工作呢？
>
> 不管你的衣櫃裡有多少套美輪美奐的服裝，不管你的書櫃裡有多少本指點迷津的服飾搭配寶典，你最應該具備的一件衣服是：自信。自信是由內而外的「衣著」，它讓你美麗動人。

9. 職業男性的完美著裝標準

「你穿得成功，那你一定也會感覺成功，如果你感覺成功，你最終就會成功。」這是美國一個真人秀節目中的商業真理。它把「成功穿衣」列入了成功

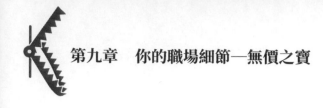

祕訣之中。

男性著裝經典一：西裝

　　每位男士都應該至少擁有一套西裝，以備不時之需。然而，就此一套是否夠用呢？三百六十五天，每天重複，你自己不嫌單調，別人卻早已產生視覺疲勞。在同事、老闆眼裡，你已然是一個活力不足、又沒新鮮感的古板之人了。是不是覺得很冤呢？

　　但是，你也不需要一氣之下就購置幾十套，「多」絕對不代表品味或品格，反而是一種奢侈和浪費。在別人看來，你成了一個沒有定性的人。最嚴重的是，五花八門的衣服是否已經超過了他人的審美極限？穿衣不僅要讓自己舒適，也要讓「看客」舒服。「量」不在多，有「型」就行。

　　對上班族來說，西裝是必不可少的投資。你的西裝不能太「寒酸」，這樣不僅有失面子，還顯得禮數不周。但是，也不能過分重視衣服的品牌和價格，物極必反，太高檔反而「過猶不及」，並擾亂「人緣」架構。

　　其實你只要具備三套西裝就能玩轉職場了。很簡單，準備三套純色的西裝，兩兩搭配，這樣，你一下就擁有了九套西裝！足夠你應對各種不同的場合了。是不是既划算又體面呢？多用現成的衣服自己重新搭配組合，你會有意外的收穫。

男性著裝經典二：襯衫

　　在傳統觀念裡，深色西裝裡面總是會搭配一件白色襯衫。那種簡單的白色長袖襯衫的確是各色西裝的萬能搭配。但是，現今，人們的個性越發張揚，喜歡追求時尚變幻的東西，熱愛豐富的色彩，崇尚美感和新鮮感，即使是襯衫也一定要活潑生動起來。因此，打開衣櫃，顏色各異的襯衫，一定是

琳瑯滿目的。

好西裝當然要配好襯衫，襯衫和西裝的顏色最好是同一色系或成對比色。比如卡其色、棕色、咖啡色這三種，就是天生一對的同一色系，另外，淺藍和深藍的搭配也是比較常見的。

對比色中最「著名」的自然是黑、白色。其中，卡其色和黑色、深綠和淺藍，也都是很協調的搭配。

白色、白色條紋、黑色、淺藍色、深藍色襯衫，你可以各準備 1 至 2 件，採用上述色系法搭配，效果最佳。

有些男士習慣在襯衫內再穿一件貼身內衣，但只要你一穿上淺色襯衫，內衣的形狀就會透過襯衫依稀可見。如果一定要加穿內衣的話，那就選件圓領的緊身內衣吧，它是最「保險」的內衣。

男性著裝經典三：領帶

領帶是最能「千變萬化」的一件配飾，具有畫龍點睛之奇效。

領帶的顏色往往比西裝史豐富，選擇性也更強。純色，或者在顏色變化中添加有規則的點綴，如扭曲蟲、點形狀、斜條紋都是常見的花紋。有一點要特別關注，那種帶有鮮豔的玫瑰花紋或龍飛鳳舞圖案的領帶，上班族應極力避免。別以為黑、白在哪兒都是無敵百搭，白色領帶和黑色西裝的搭配就非明智選擇，會讓人引起不莊重的聯想。

另外，領帶可以打溫莎結，也可以打單結，但絕不要打雙結。如果別人發現你到現在還打著雙結，一定會認為你是老古董，是被時代淘汰了的俗氣代言人。你如果實在不會打領帶，可以請專櫃服務員指導一二。最懶人的方

法是，事前就先打好的固定式領帶，套上完事。

男性著裝經典四：皮鞋

一般狀況下，上班族最好不要選擇平底的休閒皮鞋，既顯不出挺拔，而且感覺太隨便。顏色方面，應該以黑色和咖啡色為主。是否打鞋帶全憑個人喜好。不過，那種帥氣的馬靴型皮鞋已經被歸進職場禁忌了。還有，走路發出很大響聲的皮鞋也會引人側目，使人不滿，要儘量避免。關鍵是，在不同的場合要選用不同的皮鞋，以方便行事為主。

另外，每天出門或者接待客戶前，都要注意皮鞋是否乾淨、整潔，否則會給人留下「不重視」的糟糕印象。曾經有人笑談：從前相親，女方都會先觀察男方鞋子，用來推斷該人是否細心周到。這確實是一個很關鍵的細節。

小秘訣

在任何季節，深藍色輕質或羊絨質地的休閒西裝，你都會需要它。最經典裝扮：深藍休閒西裝 + 白色襯衫 + 卡其色長褲 + 中跟皮鞋沒有其他組合搭配比上面這種更酷、更經典了。如果想讓休閒西裝顯得更正式些，又不想打領帶，你不妨疊一塊裝飾方巾插在西裝上衣口袋中。

最時尚的裝扮：深藍休閒西服上衣 + 卡其色長褲 + 黑色領帶 + 黑皮鞋

不管你想選用何種顏色的襯衣，最好是淺色系，並且領帶必須要是最簡單的純黑色，不要其他任何裝飾。這樣的你，看起來更高貴。

第十章

影響一生的職業規劃

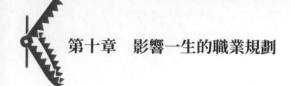

1. 職場如何快速起跑

世界潛能激勵大師安東尼‧羅賓，曾以自己的成功經驗列出這樣一條萬能成功公式：

成功＝明確目標＋詳細計劃＋馬上行動＋檢查修正＋堅持到底

公式中每個項目的排序是存在邏輯順序的，想在職場中快速起跑，如果不管不顧地悶頭行動，一旦方向不對、方法不當，只會跑得越快，而錯得越遠。所以，在我們的職業生涯中，取得豐碩成果的前提，同樣是要先確定目標，對我們的職業生涯進行規劃，然後再付諸行動，並在實施過程中時常對計劃進行修正調整。

趙勇是電腦專業本科學歷，畢業時，在大多數同學還在拚命找工作的時候，他已經與實習的軟體公司簽了正式聘用合約。然而他一直覺得自己對遊戲角色設計師這個職業更感興趣。

工作一年後，趙勇鼓起勇氣辭了職，並進入一所專業學校進修遊戲角色設計，經過一年的刻苦學習，小趙順利結業，並考取了動漫遊戲高級設計師資格證書。正準備大幹一番的他，進入了學校推薦就業的一間遊戲開發公司，幾個月後，繁重的工作量和不成比例的微薄薪水，使小趙又一次辭職，決定另找一家公司。

找工作的過程並不順利，這時趙勇才發現當前這個行業的狀況和待遇，都不及學校當初承諾和自己憧憬的那麼美好。此時家人正好透過關係幫他謀得了一份在事業單位中進行網路維護的工作，暫時找不到工作的趙勇勉強接受了家人的安排。

起初這份待遇不錯又很清閒的差事讓趙勇覺得很舒服。不過一年後，就

在趙勇的編制總算要批下來的時候，他終於對這份毫無挑戰、幾乎把自己激情都消磨殆盡的工作徹底不耐煩了。他想辭職，又擔心找不到更好的工作。畢業快四年的趙勇，突然覺得自己就像剛畢業的大學生一樣，又站在了人生的十字路口，不同的是，如今自己已沒有當年的衝勁，只剩迷茫、無奈，和對現狀的不滿。下一步該怎麼走，趙勇思索著……

剛畢業，當大家都站在人生起跑線上的時候，趙勇已經領先大多數人一步，迅速起跑。運氣好的話，他可以一直跑下去，遙遙領先。可惜職業不能一直靠運氣，很多人跑到半路突然發現跑錯跑道，甚至跑反方向，只得費盡周折從頭再來。所以，這不是真正的快速起跑。

我們隨時都在面臨選擇，即便隨波逐流不做選擇，其實也是一種選擇。關鍵不是看你有沒有選擇職業方向，而是你選擇的方向是否正確。面對成千上萬種職業，要了解各類職業的工作內容、所需技能、工作環境、薪酬前景，以及自己的能力、性格是否適合等，確實很複雜，擇業時感到困惑迷茫也是正常的。

很多人選擇的路不同，未來的人生也變得迥然不同。令你進入不同行業的原因或許五花八門：有熟人引薦、薪酬待遇不錯、以為那份工作很有趣、好朋友在那家公司、當時只有這一個工作機會、反正不知道做什麼就去那裡吧……日子久了才發現不是這份工作不喜歡你，就是你不喜歡這份工作。而人生苦短，光陰似箭，浪費的時間不會重來，我們不可能想幹什麼就幹什麼，把每個行業都嘗試一遍再做定奪，看到你如此花樣繁多的簡歷也沒哪個公司敢僱用你。

美國一所著名高校在幾十年前曾對該校學生做過一項調查，調查結果顯示，對自己未來沒有目標和規劃的學生有 30%，目標和規劃比較模糊的占

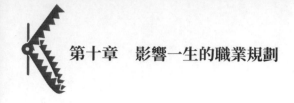
50% 以上，制定了短期目標與規劃的學生只有10%，長期目標與規劃很清晰的學生僅占 3%。幾十年後的追蹤調查結果非常令人驚嘆，卻也在情理之中。當時那些沒有目標和規劃的學生基本都生活在社會最底層，事業和生活都不盡人意。目標和規劃都比較模糊的那半數學生，後來的事業與生活也如同多數人一樣，整日為生計奔波，庸庸碌碌地生活在人海中。而那部分制定了短期目標和規劃的學生，基本都生活在社會的中上層，成為企業的高管人員。只有那 3% 的學生，他們幾十年如一日地朝著自己規劃的方向發展，最終成為社會精英、行業領軍人物。

　　職業選擇，是從模糊的空想走向現實的一種經歷。職業在個人生活中是一個連續的、長期的發展過程。成敗與否取決於事業開始時你是否做出了正確的選擇，而正確的選擇要建立在對自身和職業環境的充分分析之上，這正是職業規劃的出發點。

> **小秘訣**
>
> 職業生涯規劃是對一個人職業歷程的預期和計劃，不僅僅是作為你的資歷條件幫你謀求一份工作而已。
>
> 職業規劃是在了解一個人性格和能力的基礎上，確立他的職業發展目標，詳細估量內外環境的優勢及侷限，制定出一套持續性的合理可行的職業發展方案。同時，由於未來事件的不確定性，職業規劃也要相應做出適時的調整。

2. 不做拉磨的驢，該規劃人生了

　　唐朝時候，長安一戶人家的磨坊裡有一匹白馬、一頭驢子和一頭老黃牛，他們是無話不說的好兄弟。一天，城裡張貼告示：大唐高僧唐三藏要去

西天取經，向全城百姓徵集坐騎，選中者重賞。

　　這天晚上，聊及此事時，白馬興奮之情溢於言表：「真希望主人明天能帶我們去集市讓那和尚挑選，我一定會好好表現……」不等白馬說完，驢子便焦急地插話：「老兄，你說什麼瘋話！西天離我們這裡有十萬八千里呢，得走多少路、受多少難啊！沒準小命都難保！你千萬別幹傻事！」白馬不予理睬，繼續說：「我對我的體力和耐力很有信心。我是深思熟慮過的，經受更多的鍛鍊，才能發揮更大的能力。去年那個商隊想把我們買走時，我不同意，因為那不是個好機會。這次不同，過了這村可能就沒這店兒了，驢子你也跟我一起去吧！」

　　見驢子窩在草堆裡不吱聲，老黃牛接話道：「驢老弟啊，你不妨考慮考慮，趁著你們正年輕力壯。而我，比你們更適合這裡。」驢子把頭轉過去，悶悶地回了句：「知道了，明天看情況吧。」

　　第二天，選坐騎集會上熱鬧非凡，老百姓紛紛把自家的牲口拉去參選。很多役畜有著跟驢子一樣的顧慮，所以故意表現得萎靡不振、焦躁不安。那些想隨唐僧取經的，則擺出一副英明神武的橫樣。

　　巡視一圈後，唐僧遲遲未做決定，這時，白馬緩緩走到他身邊，用脖頸微微蹭了蹭唐僧的臂膀，馴服地低下頭。唐僧見狀很是欣喜：「此馬甚有靈性。貧僧不喜強求，它肯主動請纓，盡顯主僕之緣。我此去西天征程漫漫，正需此良駒相伴。」

　　趁唐僧與主人攀談之際，白馬和老黃牛給驢子做起了動員工作，分析跟隨唐僧取經的利弊。猶豫不決的驢子，在一番狂轟濫炸下，終於決定碰碰運氣。誰知，一頭騾子已先它一步，走到唐僧面前，做了跟白馬同樣的動作。唐僧思索片刻後，同意讓這頭騾子馱行李乾糧。白馬和老黃牛見狀都替驢子

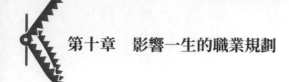

惋惜，老黃牛還埋怨驢子優柔寡斷，錯失良機。驢子反倒很快釋懷，反過來安慰它們：「沒事，就當我把這好機會讓給騾子兄弟了。下次我一定當仁不讓。」

就這樣，白馬隨唐僧踏上了漫漫取經路。

十幾個春秋悄然而逝。唐僧一行人終於滿載經書重返長安。一人得道雞犬升天，白馬榮獲了「八部天龍」的封號，從此不必再受役畜之苦。

在老主人家，剛拉完磨，窩在草堆裡休息的驢子看到白馬來了，激動萬分。白馬對他講述了這些年的經歷，雖然充滿艱辛，卻豐富多彩，特別充實。後來說起那頭騾子的情況，白馬感嘆道：「原來它並不是一心要隨唐僧取經，只是想離開這裡，當我們路過一處人間仙境般的好地方時，它高興地留在了那裡。」

驢子欽羨的同時，不由唏噓起自己這十幾年的生活：每天拉磨，吃飯，睡覺，一天天重複，幹不好了還要挨頓打。有機會離開的時候猶豫不決，沒機會的時候期盼改變現狀。曾有一次鼓起勇氣離開這裡，但又因為適應不了新生活，自己跑了回來，卻仍不滿於現狀。如此週而復始，已經不知道自己想要什麼了。還不如像老黃牛那樣，踏踏實實一輩子，無慾無求。

這故事中的每個役畜，其實都是身在職場中的我們 —— 白馬、驢子、騾子、老黃牛。除了驢子外，另外三個對自己的職業生涯都有著不同程度的認識和規劃。

白馬了解自己的性格，並以此為基礎計劃自己的未來。他充分了解和評估眼前的職業機會。所以「商隊」這份工作出現時，他拒絕了，他知道自己需要的正是一個像「取經」這樣的機會，並確信自己可以勝任這份工作，也知道如何得到這份工作。無論是誘惑還是阻礙，都沒能影響他的方向，最終

才能得償所願。

　　騾子雖然沒有非常明確的目標，但他明白自己想要什麼樣的生活，當他一看到機會，就果斷抓住了。因為他十分尊重內心的選擇。

　　老黃牛雖然一輩子都從事一份工作，但他清楚自己的能力，知道自己和工作是彼此適合的，內心並沒有更高的追求，始終對自己很了解、很坦然。

　　驢子從來沒有對自己的生涯做過規劃，不做調研，喜歡道聽途說。商隊來了，白馬說不好，他便聽從。唐僧來了，別人搶先一步，他便放棄。一聽到白馬和老黃牛的分析和規勸，他便立刻改變立場，從來沒有自己的主見，走一步算一步，吃不了苦還總抱怨現狀。他從不去規劃自己的職業生涯，在沒有前途的路上，一走就是十幾年。最終，白馬可以走出一條金光大道，驢子卻一輩子圍著磨盤轉圈圈。

小秘訣

在職場中，有些人喜歡做騾子，逍遙自在，無拘無束；有些人喜歡做老黃牛，平平淡淡地甘做一個「小人物」；更多的人喜歡做白馬，實現遠大的理想，發光發熱，實現自己的人生價值。但是，沒人會喜歡做一頭「失敗」的驢子。

那麼，他們四者最大的區別是什麼呢？很明顯，只有驢子對自己的職業生涯沒有規劃。

只有當你規劃了人生，人生才會給你一個成功的起點。

---

3. 職業規劃前，先了解自己的性格

　　卞秉彬先生說：「透過專業諮詢調查發現，在工作中出現明顯問題，但又

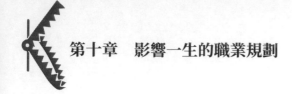

無法找出具體原因時，很多是因性格與職業發展錯位而導致的，這的確已經成為職場中人面臨的越來越嚴峻的問題。我們無法評價一個人性格的好壞，但如果你的性格與工作很匹配，對於在職場上取得成功會有重要作用，反之則會壓力越來越大，對自己的發展也有影響。」

人的性格好壞沒有定義，只是不同職業對性格有著不同的要求。

如果從事銷售工作，那麼，具有外向、喜歡與人打交道、健談、抗壓力強等性格的人，能更快進入角色，保持良好的狀態和高昂的熱情。而會計這類工作，若是內向、謹慎、安靜、對數字敏感等性格的人從事起來更能適應，更容易做出成績。

前者需要傾向於「以人和關係為中心」的性格，後者傾向於「以任務和事件為中心」的性格。前者喜歡在與人互動中工作，後者則更喜歡一個人做事。當然也有人同時兼具這兩種性格的部分特質。無論哪種性格，在充分了解的基礎上，才能找到與之相匹配的職業，展現自己的性格優勢。

性格在職業規劃中始終占據著重要地位。美國著名心理學家、職業指導專家約翰‧霍蘭德的「人格特質與工作環境相匹配」理論，在職業規劃中早已是主流理論。各種性格類型都有與之相對應的職業環境。當一個人的性格和他所從事的職業匹配，就更容易適應，工作起來相對得心應手，並能感到輕鬆愉悅。反之也許就是一副糟糕景象了。

透過學習和培訓，提高一個人的硬體能力並不困難，而改變一個人的性格去迎合職業特性，就沒那麼容易了。所以，現在有很多公司在應徵員工時，重視性格測試的作用。這一理論就是為了讓人們了解自己的性格，以便縮小職業甄選範圍，增強職業選擇的方向性，從而找到適合自己的職業，更好地實現自我價值。

蘇敏的高考志願是 A 大學的應用心理學專業，由於分數不夠，家人替她調整到了 B 大學的會計專業。蘇敏很不喜歡這個專業，但迫於家人的壓力，她必須拿到大學文憑。

四年的學習過程並不順利，掛過幾門課，透過補考才及格。其他課程的分數也不是很理想。大四實習時，蘇敏到父親所在單位的會計職位實習過一段時間，畢業後便能留在那裡工作。正是這幾個月的實習過程，使蘇敏更加感到自己不想從事會計行業。而從事其他行業，自己又缺乏充足的了解和自信，不知從哪兒入手。於是。蘇敏去了一家職業規劃諮詢機構了解自己的情況。

職業規劃諮詢師引導蘇敏對自己進行了全方面的認識。其中的第一項測試，便是蘇敏的性格與職業的適應性測試。

測試結果顯示：蘇敏具有創造的、發散的、自主的、樂於發表自我觀點的、有責任心的、善於社會交際的、有人文關懷的、自信樂觀的、敏銳的、變化的、善良的、喜歡支配的、富於想像的、重情義的性格特徵。這表明蘇敏具備的是一種社會經營性特質。

社會經營性特質的人，有它相對應的職業特徵。他們希望體現自己價值的事情是富於創造力的，甚至是藝術形式的，而對於精細事務的操作能力相對薄弱。他們喜歡跟人打交道，口才頗佳，為人處世恰到好處，很有領導才能，同時卻也需要親密的人際關係。他們總是精力充沛，敢冒風險的同時又不失策略。雖然有追求權力和物質的強烈慾望，但是社會道德感很重，關心社會問題，渴望貢獻力量。

即使不具備專業知識的人也不難發現，蘇敏的性格特質與會計類職業的特點幾乎是背道而馳的。會計長時間待在室內，較少與人接觸，頻繁與圖表

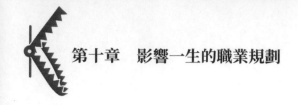
數字打交道，需要沉穩內向，對數字敏感，能忍受精細、繁瑣的工作。而綜合蘇敏的測試結果，所有線索都指向她適合從事具有創造性的，把人作為目標，給予服務和創造影響的工作。

這僅是對性格的測試，還需要進行一系列後續測試、調查、彙總分析等步驟，才能最終做出對蘇敏的職業生涯規劃方案。

蘇敏的性格與她所選專業極不相符，是影響她四年來學習效果不佳的重要原因。要她再繼續從事會計工作，是逆勢而為。美國著名教育家朱迪斯‧懷特說過：「一個人如果從事一項不適合他個性特點的職業，那他就不得不更多地遭遇失敗與挫折。」若想取得職業上的成功，她需要一個可以最大限度發揮自身優勢的職業平台。

小秘訣

在職場中，有很多像蘇敏這樣的人，他們不了解自己的性格，盲目地「投他人所好」，選擇一些與自身性格相悖的工作，最後不管是生活還是工作，都會苦不堪言。

在職業生涯中，我們要揚性格之長，避性格之短，才能事半功倍，以最快的速度邁入事業的正軌。

---

4. 不想當老闆的員工不是好員工

也許你很幸運，從事了一份非常符合自己職業規劃目標的工作，能進入期望中的那家大企業使你和親友倍感榮耀。你以為好工作已經找到，任務已經完成，接下來只要安分守己就萬事大吉了。可惜事實並不如此，得到好工作，僅僅是你漫長職業生涯中一個好的開始，如果不確立具體的職業目標，

相信用不了很久，你就會被埋沒在茫茫人海中，那麼，離你被淘汰的日子也不會太遠。

「不想當老闆的員工不是好員工」，不要認為這僅僅是一種「野心」。「老闆」只是一種具體職業目標的象徵，重點不在於你的職業目標是什麼，而是任何一個更高職位的授予，必然遵循「能者居之」的規則。

為了登上理想之位，自然要讓自己展現能者之能，或儘量變得更接近「能者」。雖然最終那個職位無論鹿死誰手，受益的永遠都是公司，但在這個「能者角力」的過程中，贏得職位和全力付出過的人，都會各有所得。所以那句看似「蠻不講理」的話，並不是教唆每個員工都立志當老闆，而是一旦你確立了職業目標並能為之行動，它就能為你的職業成功造成推波助瀾的作用。

職業目標的確立，可以促使你有計劃地實現它，你越是忠實於它，就越有可能制定出可行的職業策略，而它也能反作用於你的工作，增強你對工作的參與程度，提高你的工作效能。當然，前提是這個職業目標必須方向正確、設定清晰、可實現性強，兼具時間坐標，通常按照短、中、長期目標劃分。

以從事廣告創意工作的馬超為例，他 2007 年畢業後進入一家小廣告公司後，為自己確立的職業目標是：2009 年 3 月成為本公司的創意總監；2010 年 3 月成為大中型公司的創意總監；2013 年 3 月成為 4A 級廣告公司的創意總監。

一個切實可行的職業目標，能夠幫你排除很多不必要的干擾，全心致力於達成目標。可能你會發現，周圍總有些事容易誘使我們在工作中偏離軌道。

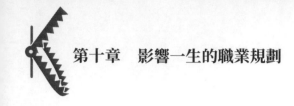

　　度完週末，大家拖著「憂鬱星期一症候群」回來，尚未恢復工作狀態，就已經集體傳染得沒精打采，缺乏工作效率。平日工作也總有人時不時偷聊幾句 LINE、上淘寶買件衣服。還沒下班就開始互相邀約盤算去哪裡吃飯。總算熬到週五，人人都精神振奮，可惜同樣影響工作效率，心裡計劃著怎樣不虛度週末。這樣的氛圍蔓延得比瘟疫還要快速和強效，你不明確自己想要的，就很難免疫，隨波逐流只會讓你虛度光陰。即便你當前階段的職業目標僅僅是擔任「小組長」，它也會時刻警醒你，去做能助你實現目標一臂之力的事情，去閃避那些不露痕跡阻礙自己的糖衣砲彈。

　　一名立志當「老闆」的員工，必然會專注於所有有助於達成這一目標的事情。平日工作中的點點滴滴，都能被視為向目標邁進的踏腳石，從而兢兢業業去應對。工作中有很多事情也許只用做到 5 分好，就算完成任務，很多人甚至抱著學生時代「60 分萬歲，多一分浪費」的態度，5 分能交差就絕不做到 6 分。用心些的人也許會做到七八分。但是一個想做「老闆」的員工則會以 10 分的標準要求自己，因為他知道，任何工作都能出色完成的員工，才更有機會當「老闆」。

　　你相信職業目標能使你更加積極樂觀，造成鞭策自己全力以赴、堅持不懈的作用嗎？無論你是否相信，事實上，心理學家已經透過研究證實了這一點。結果表明，那些制定了未來具體職業目標的人，比沒有具體目標的人樂觀很多，如果這是個兼具挑戰性和可實施性的目標，就能激勵人們把工作幹得更好。

小秘訣

每個人的目標都是他內心的動力之源，沒有什麼比發自內心的力量更能激發
人了，達成目標可以使他實現對自身價值的肯定。

你的每次行動，都令你覺得離目標越來越近的時候，就會產生成就感。因
此，為了獲得更多成就感，為了實現目標，你必然會更加積極、更加主動。

5. 五招找到理想職業定位

　　無論是剛跨入職場的畢業生，還是從業數年處於事業瓶頸的職場老將，
有意識、有目的、有計劃地合理規劃職業生涯，已經越來越刻不容緩。只要
你認真按照以下 5 個步驟去做，客觀理智地分析，你就能找到自己理想的職
業定位。

第一步：自我剖析

　　哈佛大學的入學申請中，必須包含申請人三方面的訊息：優缺點、興趣
愛好、三項成就及其說明。這充分體現了哈佛對正確自我認識的高度關注。
同樣，在職業生涯中，首要的就是充分了解自我，對自我進行評估。

　　認識自我的方式很多，曾子曰：「吾日三省吾身。」提倡經常自我檢查、
自我反省。時至今日，這種方式也是個人評估的重要手段。同時還可結合家
人、朋友對自己的看法，來進一步了解自己。另一種更全面、科學的方法，
就是借助一種有效的手段和工具 —— 職業素質測驗量表。透過測評，可以了
解自己的個性特徵、職業興趣、行為習慣、能力結構、優勢劣勢、價值觀等
等。從興趣看出自己喜歡做什麼，從個性看出自己適合做什麼，從能力看出

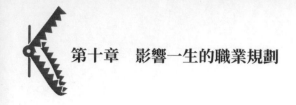

自己能做什麼，從價值觀看出自己最看中什麼。

第二步：環境剖析

知己知彼，方能百戰不殆。做完「知己」的準備後，下一步當然就要「知彼」。無論如何透徹地了解自己，如果你對職業環境一知半解，就無法投身到一份真正適合的工作中去。只有充分了解職業環境的各種因素，才能結合自身條件，因勢利導、避害就利，把握機遇，加速發展自己。

想立足於社會，就得知道社會需要什麼。想找到一份理想的工作，就必須與社會的人才需求相匹配。

學會對職業機會進行理性評估，避免在不熟悉的環境中產生脫離實際的幻想。在透徹了解職業環境後，再衡量自身條件與職業的匹配程度。除此以外，還要搞清不同職業的特點、現狀、發展趨勢，當然還包括自身經濟狀況。

第三步：確立目標

中國有句古話：「女怕嫁錯郎，男怕入錯行。」雖然，離婚和跳槽早已不再是什麼新鮮事了，但這種無奈的「離婚」，會讓你付出不同程度的代價。研究顯示，有超過 80% 的受挫人士都悔恨選擇了錯誤的職業目標。可見，職業目標正確與否，對事業的發展影響巨大。

職業目標的選擇，是制定職業生涯規劃的核心部分。而前面兩個步驟，則是確立正確職業目標必須要考量的內外因素。結合前面的評估結果，確定自身優勢至關重要。

職場新人，應盡可能地將職業目標與自己所學專業相結合，妥善利用在學校積累的資本。若跨行跨業，則很容易在求職中失去已有優勢，入職後更

要耗費大量的時間精力踏足新的知識領域。對於已經有過從業經驗，不願繼續從事當前工作的職場人士，應儘量制定一個在自己能力範圍內的職業目標，儘量實現公司內部換崗，若條件不允許，需要更換公司，也應盡可能地從事與自己工作經驗相關的職業。

如果不願意違背個人的興趣、性格，不想制約日後的發展，那麼務必要篩選出一個與自身個性、能力都匹配的職業。有了確切的職業目標，今後應對跳槽問題時，自己也有方向可循，不用把時間浪費在頻繁的嘗試上。

第四步：執行計劃

目標確定後，當然是付諸實踐了，但不能不講策略，毫無計劃地去做，否則很難成功。

你需要從目前到長遠，制定三個時期的規劃——短期、中期、長期。每個時期分別有不同的目標，這個目標一定要清晰、可行。

例如，一名中小企業的普通員工，短期目標定為：透過兩年的基層鍛鍊、業務積累，兩年後做到業務主管；中期目標定為：透過三年的基層管理實踐，升為部門經理或跳槽到大企業做業務主管；長期目標定為：花五年左右的時間，做到中小企業的高管，或升為大企業的部門主管。

實現目標的策略不一而足。如果自己各方面的條件都比較成熟，可以一步到位獲得高層職位，但如果現實條件不允許，還是要步步為營、循序漸進。

例如，一個攝影專業畢業的學生，想擁有一間自己的商業攝影工作室，但資金和經驗都欠缺，他可以先去一家攝影工作室學習，積累資金、經驗、

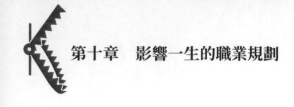

人脈，等時機成熟後，再自己創業。

第五步：調整計劃

俗話說的好：「計劃趕不上變化。」在職業生涯中，很多因素都會影響規劃目標的實現，其中，最令人無計可施的就是客觀環境發生變化。

有的變化因素是可預測的，而有些則捉摸不定，在這種瞬息萬變中，如何使自己的既定規劃行之有效呢？那就需要你具備警犬一般的「嗅覺」，一察覺到變化，馬上調整計劃。

當然，你可能會面臨一系列的調整：職業的二次選擇、職業生涯路線的變向、人生目標的重修、計劃書的變更……

職業生涯是一個漸變發展的過程，為了使它不夭折於中途，必須不斷調整、不斷更新、不斷完善、不斷充實。隨著時間的推移，當外部環境發生改變時，「自身條件」必須緊隨其後，修正發展路徑，調整職業定位。這才是成功之道。

小秘訣

馬克斯韋爾‧莫爾茲說：「無論何時，只要可能，你都應『模仿』你自己，成為你自己。」

不管多麼理想的職業定位，都需符合「自身體質」，對自己「合適」的定位才是「正確」的定位。定位，決定地位。但是，定位不能太低，這樣才具有挑戰性。「取乎其上，得乎其中；取乎其中，得乎其下；取乎其下，則無所得矣。」

---

6. 樹立職業目標的 12 步練習法

　　當你不知道自己想要什麼的時候，你所有的思想都是混亂的，所有的行動都是盲目的。只有擁有明確的職業目標，你的職業生涯才會有前進和努力的方向。那麼，應該如何去樹立自己的職業目標呢？你需要一個樹立職業目標的訓練。

　　你可以找一個空閒的時間和無人打擾的場所，讓自己平心靜氣，拿起紙和筆，一步一步來完成這個「發現」內心需求的過程。

第一步

　　放鬆心情，儘量異想天開、天馬行空地編織美夢。當你心中充滿「心願」的時候，把它們寫下來。要儘量寫得詳細，不要考慮語法和表達方式。只管去寫，直到寫無可寫。它們都是你內心深處的渴望。

第二步

　　把你所寫下來的「心願」，定出一個自己預期達成的時限。問自己，這個心願我打算什麼時候實現呢？這樣，你那些虛無飄渺的「心願」，立刻變成了實實在在的目標。沒有時限的「心願」，只是虛無飄渺的幻想。

第三步

　　選出當下你認為最重要的 4 個目標。它們必須是你最樂意投入的、最難以割捨的、最令你心滿意足的。然後，簡明扼要、確定無疑地寫下想實現它們的真實原因。如果做任何事，你都能找出充分理由，那你就無往而不利

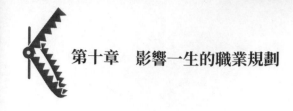

了。事實上，正是動機在激勵我們。

第四步

看看你的目標是否符合有效目標的五大規則：①目標是你所肯定的；②目標是具體的，完成期限是明確的；③自己能隨時監控進度；④主動權在自己手中，而非受人擺佈；⑤是否有利於職業生涯。

第五步

思考你自己有哪些重要資源？如果不知道自己擁有哪些資源，如何去實現目標？你需要一份詳細的個人資源清單。這樣，你才能鎮定自若地從中選擇能滿足自己需要的資源。

第六步

回顧過去，在以往的成功經驗中，哪些資源被你運用得爐火純青？搜刮出最成功的兩三次經驗，從中找出致使你成功的「特別原因」，這些特別原因就是你成功的寶貴祕笈。

第七步

當你步步為營，一步步做下來後，現在請你寫出：自己具備的哪些有利資源可以幫助你實現目標。知己知彼，百戰不殆。

第八步

哪些因素將讓你不能實現目標？哪些東西會妨礙你前進？你可以採取哪些辦法促成目標的達成？有哪位成功者的經驗可供你參考？這些都是你要找

出答案的。然後，從第七步中，找出合適的資料，作為應對措施。

第九步

為前面確定的 4 個重要目標制訂一個詳細的實施計劃。第一步該做什麼？第二步如何銜接？如何可以事半功倍？你必須計劃每天的任務量，放眼當下，千萬不能好高騖遠。

第十步

以人為鑑，找出幾位成功人士作為你的學習榜樣，並且他們的成就必須和你同在一個目標領域，分析他們是如何成功的。從他們那裡找到達成目標的成功經驗，並記下他們的成功方法。

第十一步

環境隨時會發生改變，你現在擁有的資源條件很可能會出現一些變化。列出那些對你的目標會產生重大影響的資源條件，並提前思考一旦它們發生變化，你可以採取的應對措施。

第十二步

另外做一份記錄，列舉一些你已成功實現的目標。從中獲得經驗，獲得鼓舞，獲得反省，並感激幫助過你的人。別只盯著未來看，當下擁有的一切才更重要。成功者的一大特質，就是心存感恩。這樣，你才能走得更遠，才能順利實現目標。

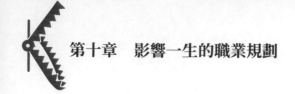

> **小秘訣**
>
> 當你全部完成上面的訓練，你一定已經寫下了滿滿幾張紙的「規劃書」。經常把它拿出來反思，逐漸你會發現，自己的心思開始變得銳利無比。在日常工作和人際關係中，你就能快速捕捉到那些有助於目標實現的閃光點，並收為己有。
>
> 你的內心不再漂浮不定，你已經有了方向感。你身邊的人會訝異這種「改變」，那其實源自你「心中有底」，相由心生。一段時間以後，你的那些「心願」會一步步變成現實，無形之中，你已然走上了一個不自知的高度。這就是規劃帶來的奇蹟。

7. 反思讓你的規劃更加完美

跌倒之後，第一件事你做什麼？當然是：爬起來！我想沒有人會覺得這個答案有任何不妥之處。因為，跌倒了能自己馬上爬起來，然後勇往直前，這種愈挫愈勇的人最受老闆讚賞，也通常最能堅持不懈地把職場之路走完。

然而，我不得不再問一遍：跌倒後，真的應該「立刻」就爬起來，繼續前行嗎？

曾經，有一個徒步旅行者，獨自一人在野外趕路。半途中時，他突然一時興起，決定改變原定路線，抄一條「曲徑通幽」的近道前行，以增加旅途的趣味性。

他選擇的那條近道荒無人煙，道路崎嶇，還沒走幾步路，猛然間，自己就被什麼東西絆了一下，摔了個嘴啃泥。然而，他並沒有像常人那樣，忙不迭地站起來，拍拍屁股繼續走。而是不急不躁地坐在地上，邊揉著摔疼的臉

煩，邊仔細打量起絆倒他的那片草地。

　　他發現在他摔倒的地方，和周圍其他環境有所不同，能隱隱約約看見一些隱蔽生長的草環 —— 這正是絆倒他的罪魁禍首。由於他擁有豐富的野外生存知識，他知道這是一種用自身極度柔韌的枝蔓一圈圈纏繞而成的叢生植物。

　　當他把目光掃向更前方時，立即被眼前的景象嚇出一身冷汗：那曲徑通幽處，那繁花碧草間，暗藏的竟是一片「張牙舞爪」的恐怖沼澤。

　　他趕快轉移方向，找到了另一條相對安全的路。驚魂未定的他慶幸那個使自己跌倒的跟頭，慶幸自己沒有「急於求成」，爬起來立刻趕路；更加慶幸的是，他沒有對摔倒之事漫不經心，而是自我反思，細心查找跌倒原因，這才看清了捷徑中暗藏的危險。

　　由此看來，跌倒之後馬上就爬起來，未必就是絕佳答案。如果你在爬起來之前不能反思「自己為什麼跌倒？」，那麼，下一次，你會跌得更慘。

　　反思，會讓你的職業規劃更趨完美，會讓你規避職業道路上的「恐怖沼澤」。

職場新人反思之一：「就業天堂」是否存在

　　GE 公司的前總裁威爾許，在剛掌管 GE 的頭幾年裡，運用強力手腕，大刀闊斧地改革：25% 的企業被砍掉，10 多萬個工種被削減，原本整整 350 個經營單位，竟被裁減合併成只剩 13 個。正是這種快刀斬亂麻的手法，正是這種傳奇式的管理風格，創造了 GE 無與倫比的輝煌業績。

　　威爾許曾說過：「這是一個競爭越來越激烈的世界。遊戲規則瞬息萬變。沒有任何一個企業可以成為『永遠的就業天堂』，除非它能永遠在市場競爭中一馬當先。」顯而易見：這個世界上不存在「就業天堂」。所以當你規劃自己

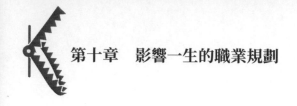

第十章 影響一生的職業規劃

職場生涯的時候，要時刻反思自己，不讓自己成為企業的「包袱」，要讓自己生於憂患，而不是死於安樂。

職場新人反思之二：職場遊戲規則的真相是什麼

一個員工與公司同舟共濟，會同時面臨著收益和風險，你的工作業績會給你帶來相應的回報，而一旦你的存在「阻礙」了公司的長遠發展，公司這個「老朋友」也絕對不會對你手下留情。《人力資本》雜誌主編孫虹鋼一針見血地說：「21 世紀最大的挑戰，就是企業和僱員的關係越來越從人身依附型的關係，轉變為合作夥伴型的關係，或者說是生意夥伴型的關係。」反過來說，你所在的公司，如果不符合你個人的職業規劃，或者說無法帶來預期收益，你也可以「禮貌」地選擇放棄這家公司，去謀求一份更適合自己的工作。道理很簡單：企業是「理性」的，而員工則是「經濟體」，這便是合作共贏的遊戲規則。當你在做職業規劃前，先問問自己：我是在為誰打工？如果答案是：為別人打工。那麼，你將不得不每天提心吊膽，祈禱自己不要成為被拋棄的「包袱」。如果答案是：為自己打工。那麼，你只需反思自己的職業規劃，明確你的個人價值，然後找準定位，等待一鳴驚人。

小秘訣

俗話說：吃一塹，長一智。如果「吃一塹」之後不反思，何以能「長一智」呢？經過深入反思和總結，一個人才能得到提升和進步。工作經驗的最佳公式是：工作經驗 = 工作經歷 x 反思。不要小瞧反思的力量，它除了讓工作事半功倍，更可以使你在一件事上跌倒後獲得解決同類事件的能力，甚至舉一反三。當你再次遇到同樣的麻煩時，一定能遊刃有餘地輕鬆解決。

---

8. 四類人才將成職場「貴金屬」

只有當你了解市場，才能打敗市場。只有當你知道職場需要什麼樣的人才，才能做出正確規劃，把自己一手打造成高端「貴金屬」。

「貴金屬」人才之第一類：綜合管理型人才

此類人才千金難求。這種貴金屬的最大特色就是管理上「多才多能」，擅長整合利用資源，熟練掌握業務操作，透徹洞悉市場規律。他們不是天賦異稟，就是在職場上摸爬滾打多年，經驗豐富，可媲美運籌帷幄的諸葛亮。他們不是公司高管，就是隱藏在老闆身後的黑馬。只要是一家初具規模的成功公司，就必然會有一個綜合管理型人才，為公司出謀劃策、指揮若定。

綜合管理型人才屬於貨真價實的「金領階層」，根據不同的企業、經驗、能力，年薪一般都在幾十萬到幾百萬不等。

「貴金屬」人才之第二類：資金調度型人才

此類人才是公司的護身符。資金是一個企業賴以生存的「空氣」，資金空虛的企業，「風」一吹就倒。所以一個人若能充分利用資金，巧妙規避風險，把「金子」收歸囊中，必然成為企業的重點人才。這樣一個人才，需要具備決策力、洞察力、應變能力、資金運作力……他的存在不是管理「人」的資本，而是管理「錢」的資本。他們通常活躍在財務總監、融資經理、投資總監等職位上。

資金調度型人才，是企業的財神。一般工作時間越久，薪資越高，年薪

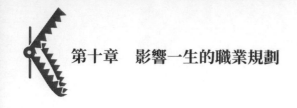

平均超過 15 萬，資深的資金運作人才，年薪可達 50 萬元以上。

「貴金屬」人才之第三類：成本管控型人才

　　此類人才是職場中的「新貴一族」。一個勤儉持家的女人必然是家庭中的好管家，而一個為企業項目成本把好關的員工必然是一個成本管控型人才。成本的管理和控制是任何一家企業的生存立足之本，與此相關的造價總監、採購經理等職位都是成本管理、成本控制型人才。

　　高級成本管控型人才，是財產保險鎖，從業年限一般在 8 年以上，年薪在 20 萬以上。

「貴金屬」人才之第四類：高級工程技術人才

　　此類人才是穩紮穩打的「藝術家」，需求最為旺盛。他們能主持大型工程項目、處理工程技術難題，並能進行相關規劃設計，這類人成熟穩重，心思縝密，理論和實踐雙管齊下，他們往往是企業中最可靠的中流砥柱。總建築師、景觀設計師、建築設計師、土建工程師等都是高級工程技術人才。

　　高級工程技術型人才喜好「默默無聞，埋頭苦幹」。年薪通常在 20 萬元左右，在同級別職位中，待遇已算拔尖。

　　想要成為這四類「貴金屬」，你必須做足以下三方面準備：

（1）知識儲備 —— 基礎點

　　生存和發展的前提基礎，就是扎實的理論知識。如果肚中空空，沒有足夠的知識儲備，根本不可能稱職地完成工作。這樣的人，不僅難以在本職工作中取得突破性發展，更難以在行業中站穩腳跟。沒有「水」，「舟」是難以

啟動的。所以，知識儲備是從業的基礎點，也是未來個人發展的有力保障。

（2）從業態度 —— 關鍵點

態度決定一切，這句話老掛在嘴上，已然成為人們默契十足的口頭禪。的確，既專業又良好的從業態度，是一個人從學生到職業人的良性思想轉變。這個過程關係到對工作性質的正確認知，以及自身職業生涯的良好發展。正確的從業態度是決定一個職場新人能否成為一個職場成功人士的關鍵點。

（3）經驗技能 —— 加分點

職場人生是由一個個經驗點堆積而成的。如果不能在工作中掌握寶貴的經驗技能，那麼你的職場生涯最終會變成「一盤散沙」。要想給自己的人生加分，就要隨時在工作中抓住一切機會，積累技巧和經驗。豐富的技能和經驗，是高級綜合人才的必備項。如果你能在入行初期就快速掌握技能和經驗，必然會為你事業的順利起步錦上添花。

小秘訣

電影《天下無賊》中，黎叔有一句經典臺詞：「21世紀什麼最貴？人才！」你想成為最賤的還是最貴的，完全取決於你自己。

你是什麼樣的人才，將會決定你擁有什麼樣的人生。而自己的「才」，主要取決於自動自發的「培養」。

---

9. 職場新人，自己當老闆不是問題

大多數莘莘學子畢業伊始，就會「迫不及待」地擠進就業的洶湧大潮中，

生怕落於人後。而另有一些人，卻沒有「隨波逐流」，他們在「給人打工，還是讓別人給自己打工」這一點上與其他人產生了「分歧」。作為初出茅廬的新人，他們「膽大妄為」，決心自己當老闆。

那個父輩們高唱著「一無所有」的年代，已經一去不復返了。如今，身處象牙塔的大學生們，初生之犢不怕虎，隨著創業熱潮如火如荼的發展，紛紛組成了創業族群。

眼看創業之火以燎原之勢橫掃職場，一些職場新人為了積極響應就業壓力，為了追求自我價值，開始蠢蠢欲動。然而，在這個世界上，比爾‧蓋茲只有一個。在光鮮誘人的前景與誘惑下，是打工還是創業，這是一個需要慎重的選擇。

1960 年代，在英國劍橋大學，有一位主修心理學的韓國學生。課餘時間，他最喜歡去學校附近的一個茶座，悠閒地坐在那兒，邊喝下午茶，邊聽人聊天。

那些聊天的人，不是諾貝爾得主，就是某些領域的學術權威，或者是創造過輝煌成就的商界名流。總之，都是些了不起的成功人士。然而，這些人除了言談風趣、舉止優雅之外，還舉重若輕，沒有一個人因為自己那些過去的成功而沾沾自喜，反而都淡然處之。

為什麼他們能如此坦然地面對成功呢？為什麼對他們來說成功如此「簡單」呢？一些成功人士總是皺著眉頭警戒年輕人：創業是無比艱辛的，成功是難以企及的。他們的那些「危言聳聽」總是讓正跨出創業腳步的年輕人躊躇不前、望而卻步。

其實大家都被這些「誇大其詞」的成功人士「欺騙」了，他們總是忍不住誇大創業的艱難，給那些創業「新生兒」帶去一種「前途渺茫，命運多舛」的

消極感覺。為了讓準備創業的職場新人知難而退，他們「狡猾」地用個人的成功經歷去嚇唬那些還沒嘗到成功甜頭的人。

發現這個現象後，有個韓國學生覺得應該利用自己個人心理學的專業知識，好好研究一番韓國成功人士的心態，並把這個「真相」公之於眾。

1970 年，一本《成功並不像你想像的那麼難》新鮮出爐。這位韓國學生把這本書作為畢業論文，交給了現代經濟心理學的創始人威爾‧佈雷登教授。

佈雷登教授看完後大加讚賞。他認為，這是個與眾不同的視角，那種「恐嚇」現象，不止東方，在全世界都屢見不鮮，但這個韓國學生，大膽假設，抽絲剝繭，以前人都不曾想到的角度去探索成功之謎。

教授於是寫了一封重要的信，寄給他的一位劍橋校友朴正熙 —— 當時正在韓國政壇穩坐第一把交椅的人。教授在信中激動地說：「我不敢打包票這部著作對您有多大幫助，但我敢肯定它比您的任何一個政令都更能產生社會震動。」

後來，韓國的經濟迅速騰飛了，就因為他們相信「成功並不像你想像的那麼難」。這位有想法的韓國留學生，也一舉成名 —— 成為韓國泛業汽車公司的總裁。他的這本書鼓舞了無數「蓄勢待發」的創業者。他在這本書中批判了傳統的陳詞濫調，從一個全新的角度揭示，想要成功並不一定非要「勞其筋骨，餓其體膚」，也不需要「頭懸樑，錐刺股」。只要你對某一項事業充滿熱情，並堅持不懈，就有可能獲得成功。其實你缺少的不是時間和智慧，而是「自己當老闆不成問題」的氣魄和自信。

（1）「當老闆」需要準備什麼決心和毅力：勇於踏出第一步，敢於接受挑戰，忌三分鐘熱度。

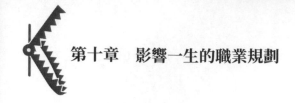
　　藍圖：也就是創業計劃書。它包含行業選擇、資金籌備、階段規劃、市場規模、行銷策略、人力資源等。

　　行業相關經驗：技術 know-how、經驗管理。

　　資金：準備金——初期、周轉金——過程。市場規模與商圈評估。

　　危機處理方案：遭遇風險時要有心理準備，清楚「最壞結果」，避免信心動搖。

　　(2)「當老闆」有哪些方式可供選擇單打獨鬥：一個人的成功。最佳案例：美國全球競爭力研究院院長黃力泓博士。拉幫結夥：志同道合者、擁有技術和資金者、具備行動力者……與他們一起打拼。內部「小老闆」：跟隨「母公司」的業務，並加以延伸，需得到「大老闆」的首肯。加盟或經銷：以成功者為模型，直接轉移總部的成功經驗，提升創業成功率。

　　(3)「開火」前的注意事項資金少，不代表風險低。深思熟慮，謹慎小心。不盲目跟風，不喜新厭舊。能夠承受失敗的打擊。創業不是你用來躲避困境的幌子。創業，不僅僅是職場新人懷抱的一個夢想，它蘊含著年輕、衝勁、創意、艱辛、挑戰、失敗等特質，當這些特質攪和在一起發生化學反應，你只需再加一點點信心，就能為你的成功增加一臂之力。

小秘訣

我們不敢做，並不是因為事情難如登天，而是因為我們的「怯懦」讓事情變得難上加難。

創業中的許多事只要想做、敢做、去做，就一定能做到，任何不知深淺的困難，最終也都能克服。只要有決心和毅力，你終會發現：一切成功都會水到渠成。

---

10. 記住億萬富翁的 18 條人生忠告

這個世界上沒什麼比「忠告」更一文不值，也沒什麼比「忠告」更價值連城，一切在於你自己如何對待它。

忠告這東西，你可以反感它們，可以左耳朵進右耳朵出，可以像聽了冷笑話似地還以輕蔑一笑……你可以不喜歡這樣的「逆耳忠言」，但你可能會因此失去很多。人生苦短，知之有限。只有虛心領教前人智慧，懂得「以史為鑑」，才能避免在職場中左顧右盼、茫然不知所措。

下面精選的 18 條億萬富翁的人生忠告，也許能幫你少走彎路，助你事業更加成功。

① 忠於你的愛好，如果沒有愛好，就去找，不找到它絕不罷休。人生短短數十載，別讓自己空手過，必須對某樣東西傾注你的熱情，但又不能只考慮興趣愛好。當你垂暮之年回首人生時，總要有讓自己為之自豪的回憶 —— 受你影響、被你改變過的人和事，而不是充盈的物質生活。

② 凡事要準備充分再行動，無論做生意還是做事都應如此。就算有十分的力量已經足以成事，也要做十二分的準備，並且做好應對隨時可能發生意外情況的準備。

③ 你要相信你所認識的每一個人都是精明的，要讓他們發自內心地喜歡和你交往，而不是出於任何外在原因。接納那些私下忠告你、指出你錯誤的人，因為他們才是真正的朋友。

④ 「承諾」是獲取別人信任的好方法，但前提是：一旦作出承諾，必須負責到底，遇到再大困難，也要遵守承諾。做不到的事情寧可不答

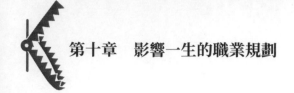

應，也不能一時說大話應承下來。

⑤ 始終顧及到對方的利益，成功的合作是互惠互利的。不要把目光侷限在眼前自己的利益上，無論是金錢還是榮譽，都要捨得與對方分享，才能贏得更多機會。貪小便宜的人總有一天會吃大虧。

⑥ 樹大招風，保持低調。不過分顯示自己，才不會遭人敵視，成為別人進攻的靶子。低調的行事也使別人無法摸清你的虛實，難以成為攻擊的目標。

⑦ 沒有不透風的牆，有些祕密是要嚴格保守的，有些話不是對誰都能說的，否則可能會使你一事無成。而讓別人保密的最好辦法，就是什麼也不告訴他。

⑧ 一個壞的開始可能會影響結果，卻不會決定結果。自助者天助，持之以恆絕不放棄的人才會得到上天眷顧。沒有任何人能阻礙你，除了你自己。一切問題都在自己身上，一切靠自己。

⑨ 追逐目標的過程就像騎自行車，你只有朝著目標不停地向前騎行，才不會搖晃跌倒。

⑩ 有再大抱負，不邁出第一步就永遠不會實現。只要邁出第一步，後面就不會太難，越是覺得困難越不願意去面對的工作，越要馬上動手去做，堅持做下去，終會達成。如果你想要獲得每個人的歡心，那等待你的只能是失敗。要想有所作為，就要清除希望獲得所有人讚許的心理，不要讓它成為你快樂的源泉，因為那是自欺欺人。在巨大的競爭中，想孤軍奮戰只有死路一條。明智的選擇是與人合作，合他人之力使自己存活下去並強大起來。只要對自己有利，即便與競爭對手合作也未嘗不可。

　　嫉妒本身並不能使我們強大，過分關注別人的優勢，除了顯示我們自身的不足，也容易使我們忽略了對自身的提高。拖別人後腿只會讓別人變得跟我們一樣差勁，卻不會使我們更優秀。

　　與什麼樣的人交往，就能使你變成什麼樣的人。斷言你會失敗的人，一般都是消極保守的人。想成功，就要儘量避免與消極的、安於現狀的、半途而廢的人交往，要多接近那些積極成功、永不屈服的人。

　　逆境中，才能尋找到通往成功的道路。那些享譽盛名的成功者，幾乎都走過這條充滿艱難險阻的曲折之路。他們在絕望時沒有氣餒，而是繼續尋找各種跨越障礙的可能性。「擁有的金錢越多，就越能感到幸福」，當你成為富人，就會發現這句話是騙人的。很多富有的人令自己得到快樂的方法是做一些使其他人感到快樂的事情。如果蒙受侮辱，你可以允許自己的感情被傷害，但絕不能讓它觸動尊嚴。甚至你可以讓侮辱成為測量自己的標尺，只要你肯做一個懂得冷靜反思的人。凡事都要看得遠一點，順利的時候不要得意忘形，受挫的時候不要一蹶不振。每走一步，心中必須已經想好了第二步，正醞釀著第三步。

小秘訣

王爾德曾說：「對於忠告，你所能做的，就是把它送給別人，因為它對你沒有任何用處。」也許在看完那些億萬富翁們的忠告後，這句話你已經不贊同了，但是，還是請你將這些優秀的忠告送給你的朋友們，因為億萬富翁們正是這樣做的。

說好的加薪呢？

生為社畜，哪有平等

編　　著：牛存強

發 行 人：黃振庭

出 版 者：崧燁文化事業有限公司

發 行 者：崧燁文化事業有限公司

E-mail：sonbookservice@gmail.com

粉 絲 頁：https://www.facebook.com/
　　　　　sonbookss/

網　　址：https://sonbook.net/

地　　址：台北市中正區重慶南路一段六十一號八
　　　　　樓 815 室

Rm. 815, 8F., No.61, Sec. 1, Chongqing S. Rd.,
Zhongzheng Dist., Taipei City 100, Taiwan

電　　話：(02) 2370-3310

傳　　真：(02) 2388-1990

印　　刷：京峯彩色印刷有限公司（京峰數位）

國家圖書館出版品預行編目資料

說好的加薪呢？生為社畜，哪有
平等 / 牛存強編著 . -- 第一版 . --
臺北市：崧燁文化事業有限公司，
2022.01
　　面；　公分
POD 版
ISBN 978-986-516-995-4(平裝)
1.CST: 職場成功法
494.35　　110021364

電子書購買

臉書

定　　價：375 元

發行日期：2022 年 01 月第一版

◎本書以 POD 印製